科学与工程计算技术丛书

MATLAB
高等数学分析
（下册）

卓金武 / 主编

张昊航 张舒益 段蕴珊 姜晓慧 刘俊晨 / 编著

清华大学出版社
北京

内 容 简 介

本书系统介绍了同济版《高等数学(下册)》(第七版)中各知识点的 MATLAB 实现方法,旨在让读者在大学一年级的高等数学学习阶段就可以得到 MATLAB 编程及工程实践能力的训练,同时通过实践反向促进理论课的学习。下册内容分两部分,共 6 章。第一部分(第 8~12 章)系统介绍了高等数学的 MATLAB 实现方法。每章包含了以下内容:①本章目标:重温高等数学中的知识点,便于读者理解随后的 MATLAB 命令;②相关命令:介绍要实现某个知识点会用到的 MATLAB 函数以及这些函数的具体用法;③MATLAB 案例:介绍高等数学中常见问题的 MATLAB 求解实现方式,包含详细的代码;④工程拓展实例:通过实例介绍工程界是如何应用高等数学知识的,拓展读者的思路,也让读者对工程应用场景有更清晰的认识;⑤习题:MATLAB 是实践性的技术,必须通过实践来提高应用水平,通过练习有助于提高编程实践能力。第二部分(第 13 章)主要介绍高等数学的数学建模方法和经典的数学建模实例,一是培养读者的建模思想,二是让读者感受到 MATLAB 在数学建模中的作用,并培养读者的 MATLAB 数学建模技能。

本书适合作为"高等数学"或"高等数学实验"课程的参考用书,还可以作为广大科研人员、学者、工程技术人员的参考用书。

图书在版编目(CIP)数据

MATLAB 高等数学分析.下册/卓金武主编. —北京:清华大学出版社,2021.7(2024.12重印)
(科学与工程计算技术丛书)
ISBN 978-7-302-57810-9

Ⅰ.①M… Ⅱ.①卓… Ⅲ.①Matlab 软件-应用-高等数学-高等学校-教材 Ⅳ.①O13

中国版本图书馆 CIP 数据核字(2021)第 055378 号

责任编辑:盛东亮 钟志芳
封面设计:吴 刚
责任校对:郝美丽
责任印制:宋 林

出版发行:清华大学出版社
      网　　　址:https://www.tup.com.cn,https://www.wqxuetang.com
      地　　　址:北京清华大学学研大厦 A 座　　　　邮　编:100084
      社 总 机:010-83470000　　　　　　　　　　邮　购:010-62786544
      投稿与读者服务:010-62776969, c-service@tup.tsinghua.edu.cn
      质量反馈:010-62772015, zhiliang@tup.tsinghua.edu.cn
      课件下载:https://www.tup.com.cn,010-83470236
印 装 者:三河市龙大印装有限公司
经　销:全国新华书店
开　本:186mm×240mm　印　张:10.75　　　字　数:239 千字
版　次:2021 年 7 月第 1 版　　　　　　　　印　次:2024 年 12 月第 4 次印刷
印　数:3501~4100
定　价:59.00 元

产品编号:085015-01

FOREWORD

To Accelerate the Pace of Engineering and Science. These eight words have summarized the MathWorks mission for over 30 years.

In that time, it has been an honor and a humbling experience to see engineers and scientists using MATLAB and Simulink to create transformational breakthroughs in an amazingly diverse range of applications: the electrification and increasing autonomy of automobiles; the dramatically more accurate models and forecasts of our weather and climates; the increased performance and safety of aircraft; the insights from neuroscientists about how our brains and bodies work; the pervasiveness of wireless communications; the reliability of power grids; and much more.

At the same time, MATLAB and Simulink have helped countless students in engineering and science courses to learn key technical concepts and apply them to real-world problems, preparing them better for roles in research, teaching, and industry. They are also equipped to become lifelong learners, exploring for new techniques, combining them, and applying them in novel ways.

Today, the pace of innovation in engineering and science is astonishing. That pace is fueled by huge volumes of data, matched with computing hardware and machine-learning algorithms for extracting information from it. It is embodied by software and algorithms in almost every type of system—from children's toys to household appliances to robots and manufacturing systems to almost every form of transportation—making those systems more functional, flexible, and autonomous. Most important, that pace is driven by the engineers and scientists who gain the insights, create the technologies, and design the innovative systems.

To support today's pace of innovation, MATLAB has evolved into a broad and unifying technical computing platform, spanning well-established methods, such as control design and signal processing, with exciting newer areas, such as deep learning, robotics, and IoT development. For today's smart connected systems, Simulink is the platform that enables you to simulate those systems, optimize the design, and automatically generate the embedded code.

The topics in this book series reflect the broad set of areas that MATLAB and Simulink bring together: large-scale programming, machine learning, scientific computing, robotics, and more. We are delighted to collaborate on this series, in support

FOREWORD

of our ongoing goal: to enable you to accelerate the pace of your engineering and scientific work.

I look forward to the innovations that you will create!

Jim Tung
MathWorks Fellow

序 言

致力于加快工程技术和科学研究的步伐——这句话总结了 MathWorks 坚持超过三十年的使命。

在这期间,MathWorks 有幸见证了工程师和科学家使用 MATLAB 和 Simulink 在多个应用领域中的无数变革和突破:汽车行业的电气化和不断提高的自动化;日益精确的气象建模和预测;航空航天领域持续提高的性能和安全指标;由神经学家破解的大脑和身体奥秘;无线通信技术的普及;电力网络的可靠性;等等。

与此同时,MATLAB 和 Simulink 也帮助了无数大学生在工程技术和科学研究课程里学习关键的技术理念并应用于实际问题中,培养他们成为栋梁之材,更好地投入科研、教学以及工业应用中,指引他们致力于学习、探索先进的技术,融合并应用于创新实践中。

如今,工程技术和科研创新的步伐令人惊叹。创新进程以大量的数据为驱动,结合相应的计算硬件和用于提取信息的机器学习算法。软件和算法几乎无处不在——从孩子的玩具到家用设备,从机器人和制造体系到每一种运输方式——让这些系统更具功能性、灵活性、自主性。最重要的是,工程师和科学家推动了这些进程,他们洞悉问题,创造技术,设计革新系统。

为了支持创新的步伐,MATLAB 发展成为一个广泛而统一的计算技术平台,将成熟的技术方法(比如控制设计和信号处理)融入令人激动的新兴领域,例如深度学习、机器人、物联网开发等。对于现在的智能连接系统,Simulink 平台可以让您实现模拟系统,优化设计,并自动生成嵌入式代码。

"科学与工程计算技术丛书"系列主题反映了 MATLAB 和 Simulink 汇集的领域——大规模编程、机器学习、科学计算、机器人等。我们高兴地看到"科学与工程计算技术丛书"支持 MathWorks 一直以来追求的目标:助您加速工程技术和科学研究。

期待着您的创新!

Jim Tung
MathWorks Fellow

本书的背景和意义

本书为应对新一轮科技革命与产业变革，支撑服务创新驱动发展、"中国制造 2025"等一系列国家战略而写。2017 年 2 月以来，教育部积极推进新工科建设、金课建设、双万计划等一系列措施，旨在形成领跑全球工程教育的中国模式，助力强国建设。在这一系列政策和概念的指引下，如何培养有能力、实干、理论与实践兼备的工程师是教育界需要解决的问题。回归教育，在信息技术迅猛发展的时代，根据工业界的反馈和教育的经验，教育界普遍认同项目式学习和计算思维的培养是高等教育的主要突破方向。

项目式学习是一种通过参与解决真实的项目或问题的学习方式，着眼于实践并通过实践强化和倒逼理论的学习，是一种既培养实际工程实践能力又促进理论学习和理论转化能力培养的学习方式。项目式学习很容易让学习者体验到成功解决问题的成就感和快乐，从而形成正向反馈机制，激励学习者继续学习，从而逐渐培养学习的兴趣。

计算思维综合了应用数学思维和计算机编程能力。多数的研发到了一定阶段都离不开数学，数学在工程或产品中的体现是程序，因此计算思维对未来的科学家和工程师来说都非常重要。计算思维的培养离不开具体的项目，所以项目式学习和计算思维培养自然融合到一起。

回到高等教育本身，如何系统培养学生的计算思维呢？不妨分析一下本科的课程组成，从图 1 的本科（以通信工程专业为例）课程构成可以发现，其实我们现在的本科课程中，"数学"和"应用数学"课程（与专业结合）已自然呈现循序渐进、逐渐累积的趋势，只是我们传统的教育不利于这些课程的累计和融合。基于这样的分析结果，如果从大学一年级就通过项目式学习，结合具体的课程，培养学生的计算思维，那么就很自然地实现了更有成效的学习变革。

基于这样的认识，很自然就得到了本科阶段系统的项目式计算思维培养方案：

（1）大一：高等数学部分增加 MATLAB 高等数学实践部分，培养学生的基本编程能力和数学应用能力。

（2）大二：线性代数和概率部分增加相应的实践环节，继续增强学生的编程能力和基本的工程应用能力，如数据分析、数学建模、算法设计能力。大二在部分专业基础课程部分，增设实验和项目实践内容，培养基本专业理论的应用能力。

（3）大三：在专业课部分增加实验和实践环节，鼓励学生将所学的专业知识通过平台转化成工程产品原型。

（4）大四：在课程设计或毕业设计中鼓励学生系统使用基于模型设计的技能完成完整

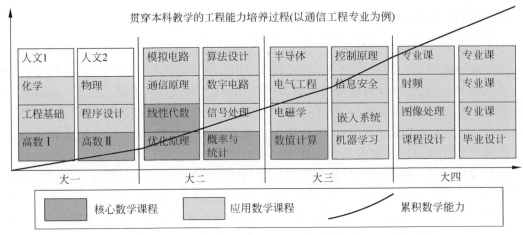

图 1 新工科教学改革路线图(以通信工程专业为例)

的工程项目。

　　高等数学是高等教育阶段最核心的基础课程。MATLAB 是最通用的科学计算软件,广泛应用于科研和工程中,也是培养计算思维的最佳平台,所以高等数学和 MATLAB 的结合也就很自然了。本书的定位是高等数学的 MATLAB 项目式学习参考书,其主要内容是讲解高等数学中主要知识的 MATLAB 实现过程以及这些知识在工程界的应用实例。本书的作用:一是让学生在学习高等数学阶段就学习 MATLAB 编程,培养学生由理论知识到实践转化的能力;二是通过实践环节倒逼学生重视理论的学习并促进对理论知识的理解;三是以高等数学这门课为载体,培养学生的编程能力和计算思维;四是培养学生的学习兴趣。

本书的编写过程:学生编写自己的教材

　　本书的大致构思在 2018 年初就有了,但我一直没有落笔,因为自己也不确定以怎样的形式呈现这些内容。在 2018 年秋季,我受邀给复旦大学的学生做关于 MATLAB 编程的讲座,其间就提到 MATLAB 编程是实践性的技术,最好的学习方式就是以一个小课题或一个小问题为载体,边学习边解决问题,这样的学习效果最好。听讲座的绝大多数是大一、大二的学生,还没做课题,就把这本书的大致构思跟学生说了一下,并鼓励学有余力或感兴趣的同学参与。结果有 10 位同学感兴趣,报名了这个课题,每 5 位同学为一个小组,每组选一位组长,负责平时的联络和课题的组织工作。第一个小组,负责高等数学的上册,第二个小组,负责高等数学的下册。一开始我只给出建议,鼓励他们根据自己的想法并应用自己的模式表达。这些学生确实比较厉害,都有自己的想法,每人负责的章节也各有特色。为了让本书内容风格更一致,经过组内互评,几轮讨论后,挑选了更好的内容(高等数学知识点和MATLAB 程序的融合)表达模式,再进行修改,最后由本人汇总、修改,形成了本书。

一个讲座促成了特殊的组合和课题的完成,这个过程对我也很有启发,让学生自己去编写自己的教材太神奇了,他们是可以创造未来的,毕竟教材的主体是他们,他们更懂得自己的学习风格,知道自己更喜欢什么样的内容,所以他们的参与首先贡献了很多内容的表达风格和想法。其次对他们来说,这也是一次很好的课题实践活动。因为绝大多数学生只知道MATLAB 很有用,但 MATLAB 用得并不好,或者根本不会用。一开始他们就是想通过这个课题,学会使用 MATLAB。但课题完成后,所有学生的 MATLAB 使用水平已经很高了,在不知不觉中,已经可以灵活运用 MATLAB 编程解决自己遇到的问题了,甚至有些同学对高等数学和 MATLAB 有了更深刻的感悟。

高等数学知识点与 MATLAB 程序的融合有助于我们理解解析方法与数值方法,可以让我们更直观地学习高等数学的概念与方法,并增强对这些方法在实际生产生活中应用的能力,还能帮助我们更好地理解计算机处理计算的过程。比如,它并不能做到我们在传统数学学习中接触的无限趋近的想法,而往往需要通过迭代计算方法减小误差至一个较小的容差值。理解计算机的运算方式,我们才能在日后更好地进行其他依赖计算机的研究工作。另外,一个数值计算的方法很难用对错定论,往往用计算复杂度、误差值等作为其评价标准。比如从定积分求解的角度,通过牛顿-莱布尼兹公式求解的方式可以得出积分的精确结果,但通过不同的数值方法我们会得到不同的带有误差的解,因此我们就需要不断地对自己设计出的数值方法进行优化。每一个数值方法背后其实都还蕴藏着优化的潜能,我们每位读者都可以独立探索,设计出带有个人特点的更优化、更有创造力的数值方法。因此,MATLAB 与高等数学相结合的学习能更好地培养我们的创造能力以及精益求精的习惯,这种能力与习惯对日后的学习研究都很有帮助。每一种数学方法在 MATLAB 函数中的体现都是一次人机的交流,每一次将人脑思维转化为计算机思维的基础实践,都会成为我们在日后有关方向研究学习的奠基。希望读者在阅读本书时能够体会这种学习方式!"

我想只有参与课题或者研读过这本书的读者才能有这样的体会!如果读者能够得到这样的体会,我想这本书的目的就达到了!

本书特色

纵观全书,本书的特点鲜明主要表现在:

前言

（1）知识系统，结构合理。本书的内容编排基本与同济版《高等数学（下册）》（第七版）教材一致，这样便于读者与理论知识相对应。对于具体内容，则按照本章目标、相关命令、实例、工程拓展应用以及习题等内容依次展开。这样既保持了知识的系统性，也便于读者更高效地学习。

（2）理论与实践相得益彰。对于本书的每个知识点，都列举了若干个典型的案例，读者可以通过案例加深对理论的理解。本书选择的案例都是高等数学中的典型例题或习题，通过程序展示，很容易让读者产生共鸣，同时读者可以利用案例的程序进行模仿式学习，提高学习效率。

如何阅读本书

下册内容分两部分，共 6 章。

第一部分（第 8～12 章）是本书的主体部分，系统介绍了高等数学的 MATLAB 实现方法。每章包含以下内容：

（1）本章目标：重温高等数学中的知识点，便于读者理解随后的 MATLAB 命令、案例针对的是哪个理论知识点。

（2）相关命令：介绍要实现某个命令需用到的 MATLAB 函数以及这些函数的具体用法。

（3）MATLAB 案例：介绍高等数学中的 MATLAB 求解问题的具体实现方式，包含详细的代码以及关键代码的注释。

（4）工程拓展实例：通过实例介绍工程界是如何应用这些高等数学知识的，拓展读者的思路，让读者对日后的工程应用场景有更清晰的认识。

（5）习题：MATLAB 是实践性的技术，必须通过实践来提高应用水平，最重要的是可以通过练习加深对理论知识的掌握。

第二部分（第 13 章）主要介绍高等数学的数学建模方法和经典的数学建模实例，因为数学建模体现数学的应用，而高等数学是数学建模的重要组成部分。第 13 章的每个实例都按照数学建模的步骤展开，可以培养读者的建模思想，让读者体会 MATLAB 在数学建模中的作用，并培养读者的 MATLAB 数学建模技能。

读者对象

（1）各大院校学生。

（2）高等数学教师或高等数学实验教师。

（3）从事工程数学、科研的工程师或科研人员。本书包含高等数学的工程实践案例，对工程人员和科研人员也有参考意义。

（4）希望学习 MATLAB 的工程师或科研工作者。因为本书的代码都是用 MATLAB 编写的，所以对于希望学习 MATLAB 的读者来说，本书是一本很好的参考书。

致读者

本书系统地介绍了 MATLAB 高等数学的实现方法。本书中的内容虽然系统，但也相对独立，教师可以根据课程的学时安排和专业方向的侧重，选择合适的内容进行课堂教学，其他内容则可作为参考。

作为 21 世纪的大学生，工程化的思想越来越重要，不仅要学科学，更重要的是如何将科学转化为工程，用工程辅助科学的进一步发展。高等数学作为最基础的学科，重要性不言而喻。MATLAB 编程是实现科学到工程的具体工具，是科学和工程的桥梁，而利用 MATLAB 实现高等数学的方法是科学转化为工程的第一步，希望读者通过学习本书对此有更深刻的体会，本书也算是科学到工程的启蒙书。

勘误和支持

由于时间仓促，加之作者水平有限，本书不妥或疏漏之处在所难免。在此，诚恳地期待广大读者批评指正。

致谢

感谢 MathWorks，在我写作期间提供全面、深入、准确的参考材料。感谢清华大学出版社盛东亮老师一直以来的支持和鼓励，帮助我们顺利完成全部书稿！

卓金武

2021 年 3 月

目录

目录

目录

通过第 6 章介绍的定积分在平面几何中的应用,可以感知到微分在几何中的意义和作用。将平面几何拓展到空间几何后,微积分同样可以应用。另外,空间几何可以用向量代数来表示,所以本章先介绍向量代数,然后再介绍空间解析几何及其与微积分的结合过程。

8.1　本章目标

本章将用 MATLAB 分析如下内容:

(1) 空间解析几何中常用的向量代数运算方式。

(2) 平面、空间直线在 MATLAB 中的表达以及它们之间典型运算的实现。

(3) 曲面与空间曲线在 MATLAB 中的表达以及它们之间典型运算的实现。

8.2　相关命令

下面介绍本章涉及的 MATLAB 命令如下。

(1) dot:求 A 与 B 的点积。用法如下:

- C=dot(A,B):返回 A 和 B 的标量点积。
- C=dot(A,B,dim):返回 A 和 B 沿维度 dim 的点积,dim 输入一个正整数标量。

注意:如果 A 和 B 是向量,则它们的长度必须相同;如果 A 和 B 为矩阵或多维数组,则它们必须具有相同的阶数或维数。

(2) norm:向量范数和矩阵范数。用法如下:

- n=norm(v):返回向量 v 的欧几里得范数。此范数也称为 2-范数、向量模或欧几里得长度。
- n=norm(v,p):返回广义向量 p-范数。
- n=norm(X):返回矩阵 X 的 2-范数或最大奇异值,该值近似于 max(svd(X))。

- n＝norm(X,p)：返回矩阵 X 的 p-范数。其中 p 为 1、2 或 Inf：
  如果 p＝1，则 n 是矩阵的最大绝对列之和；
  如果 p＝2，则 n 近似于 max(svd(X))，相当于 norm(X)；
  如果 p＝Inf，则 n 是矩阵的最大绝对行之和。
- n＝norm(X,'fro')：返回矩阵 X 的 Frobenius 范数。

(3) cross：求 A 与 B 的叉积。用法如下：

- C＝cross(A,B)：返回 A 和 B 的叉积。如果 A 和 B 为向量，则它们的长度必须为 3；如果 A 和 B 为矩阵或多维数组，则它们必须具有相同的阶数或维数。在这种情况下，cross 函数将 A 和 B 视为三元素向量集合。该函数计算对应向量沿大小等于 3 的第一个数组维度的叉积。
- C＝cross(A,B,dim)：计算数组 A 和 B 沿维度 dim 的叉积。A 和 B 必须具有相同的大小，并且 size(A,dim) 和 size(B,dim) 必须为 3。dim 输入一个正整数标量。

(4) plot3：绘制数据点集的三维图。用法如下：

- plot3(X,Y,Z)：绘制三维空间中的坐标。要绘制由线段连接的一组坐标，需将 X、Y、Z 指定为相同长度的向量。要在同一坐标轴上绘制多组坐标，需将 X、Y 或 Z 中至少一个指定为矩阵，其他指定为向量。
- plot3(X,Y,Z,LineSpec)：使用指定的线型、标记和颜色创建绘图。
- plot3(X1,Y1,Z1,…,Xn,Yn,Zn)：在同一坐标轴上绘制多组坐标。
- plot3(X1,Y1,Z1,LineSpec1,…,Xn,Yn,Zn,LineSpecn)：可为每个 XYZ 三元组指定特定的线型、标记和颜色。可以对某些三元组指定 LineSpec，而对其他三元组省略。例如，plot3(X1,Y1,Z1,'o',X2,Y2,Z2)是对第一个三元组指定标记，但没有对第二个三元组指定标记。

(5) polar：绘制极坐标图。用法如下：

- polarplot(theta,rho)：在极坐标中绘制线条，theta 表示弧度角，rho 表示每个点的半径值。必须输入长度相等的向量或阶数相等的矩阵。如果输入为矩阵，polarplot 将绘制 rho 的列对 theta 的列的图。也可以一个输入为向量，另一个输入为矩阵，但向量的长度必须与矩阵的一个维度相等。
- polarplot(theta,rho,L,neSpec)：设置线条的线型、标记符号和颜色。
- polarplot(theta1,rho1,…,thetaN,rhoN)：绘制多个 theta、rho 对。
- polarplot(theta1,rho1,LineSpec1,…,thetaN,rhoN,LineSpecN)：指定每个线条的线型、标记符号和颜色。
- polarplot(rho)：按等间隔角度（介于 0 和 2π 之间）绘制 rho 中的半径。
- polarplot(rho,LineSpec)：设置线条的线型、标记符号和颜色。
- polarplot(Z)：在极坐标下标记 Z 中的复数，Z 为复数的集合。

- polarplot(Z,LineSpec)：设置线条的线型、标记符号和颜色。

8.3　向量的运算

向量是线性代数的主要内容,本章主要介绍的是与空间解析几何相关向量的表达与基础运算。

8.3.1　向量运算的数学表达

（1）向量加、减法：

设 $a=(a_x,a_y,a_z)$,$b=(b_x,b_y,b_z)$,则

$$a+b=(a_x+b_x,a_y+b_y,a_z+b_z)$$
$$a-b=(a_x-b_x,a_y-b_y,a_z-b_z)$$

（2）向量的模：

设 $r=(x,y,z)$,

$$|r|=\sqrt{x^2+y^2+z^2}$$

（3）向量数量积：

$$a \cdot b=|a||b|\cos\theta$$

设 $a=(a_x,a_y,a_z)$,$b=(b_x,b_y,b_z)$,则

$$a \cdot b=a_xb_x+a_yb_y+a_zb_z$$

（4）向量积：

设向量 c 由两个向量 a 和 b 按下列方式定义：

$|c|=|a||b|\sin\theta$,其中 θ 为 a、b 的夹角；c 的方向垂直于 a 与 b 所决定的平面（即 c 既垂直于 a,又垂直于 b）,c 的指向按右手规则从 a 转向 b 来确定,向量 c 叫作向量 a 与 b 的向量积,记作 $a×b$,即

$$c=a×b$$

8.3.2　实例分析

例 8-1　已知 $a=(1,2,3)$,$b=(2,3,4)$,运用 MATLAB 求 $a \cdot b$,$a×b$。

解：

```
a = [1,2,3];
b = [2,3,4];
dot(a,b)
```

ans＝20

```
cross(a,b)
```

ans＝－1   2   －1

例 8-2 条件同例 8-1,运用 MATLAB 求 a 和 b 的夹角。

解：

```
a = [1,2,3];
b = [2,3,4];
acos(dot(a,b)/(norm(a) * norm(b)))
```

ans＝0.1219

acos()函数：以弧度为单位的反余弦。语法为 y ＝ acos(x)。y ＝ acos(x)返回 x 各元素的反余弦($\cos^{-1}$)。acos()函数按元素处理数组,对于 x 在区间[－1,1]的实数元素,acos(x)返回区间[0,π]的实数值。对于 x 在区间[－1,1]之外的实数值以及 x 的复数值,acos(x)返回复数值。所有的角度都以弧度表示。例如,输入 acos(0.3),会得到 ans＝1.2661。

例 8-3 证明 Lagrange 恒等式

$$(a_1 \times a_2) \cdot (a_3 \times a_4) = (a_1 \cdot a_3) \cdot (a_2 \cdot a_4) - (a_1 \cdot a_4) \cdot (a_2 \cdot a_3)$$

其中,$a_i(i=1,2,3,4)$为几何空间中的三维向量。

解：

```
syms a11 a12 a13 a21 a22 a23 a31 a32 a33 a41 a42 a43 real;
a1 = [a11 a12 a13];
a2 = [a21 a22 a23];
a3 = [a31 a32 a33];
a4 = [a41 a42 a43];
left = dot(cross(a1,a2),cross(a3,a4));
right = dot(dot(a1,a3),dot(a2,a4)) - dot(dot(a1,a4),dot(a2,a3));
answer = left - right;
simplify(answer)
```

ans＝0

左边减右边等于 0,表示两边相等。

simplify()的作用是化简解析表达式。

例 8-4 求点 $M_1(2,1,2)$ 到直线 $\dfrac{x-1}{1}=\dfrac{y+1}{-1}=\dfrac{z}{-2}$ 的距离。

点 $M_1(x_1,y_1,z_1)$ 到直线 $L：\dfrac{x-x_0}{l}=\dfrac{y-y_0}{m}=\dfrac{z-z_0}{n}$ 的距离公式为

$$d=\frac{|\boldsymbol{V}\times\overrightarrow{M_1M_0}|}{|\boldsymbol{V}|}$$

其中,**V** 为直线的方向向量,M_0 为直线 L 上异于 $M_1(x_1,y_1,z_1)$ 的任意一点,用 MATLAB 求解上述问题。

解:

```
M0 = [1 −1 0];
M1 = [2 1 2];
V = [1 −1 −2];
d = norm(cross(M1 − M0,V))/norm(V)
```

运行程序,得到如下结果:

d=2.1985

8.4　平面与空间直线

高等数学中的平面与空间直线主要讲它们的解析表达式以及它们之间的关系,基础是它们各自的解析表达式。

8.4.1　平面与直线的数学表达

平面与直线有几种不同的表达方式,具体的表达方式如表 8-1 所示。

表 8-1　平面与直线的方程形式

平 面 方 程	直 线 方 程
一般方程:$Ax+By+Cz+D=0$	一般方程:$\begin{cases} A_1x+B_1y+C_1z+D_1=0 \\ A_2x+B_2y+C_2z+D_2=0 \end{cases}$
点法式方程:$A(x-x_0)+B(y-y_0)+C(z-z_0)=0$	标准方程:$\dfrac{x-x_0}{l}=\dfrac{y-y_0}{m}=\dfrac{z-z_0}{n}$
截距式方程:$\dfrac{x}{a}+\dfrac{y}{b}+\dfrac{z}{c}=1$	参数方程:$\begin{cases} x=x_0+lt \\ y=y_0+mt \\ z=z_0+nt \end{cases}$

8.4.2　实例分析

知道空间中平面与直线的方程后,利用解析方法可确定两者关系,其方法是联立方程组求解的个数。当然用 MATLAB 也可以很容易对方程组求解。而且在 MATLAB 中可以很容易绘制空间的平面和直线。下面将通过绘制图形的方式来研究直线与平面、平面及平面的关系。

例 8-5 已知直线 $l: \dfrac{x}{1} = \dfrac{y-1}{3} = \dfrac{z-1}{2}$ 与平面 $\pi: 2x + 3y - z - 4 = 0$，判定直线 l 与平面 π 的位置关系。

解：

先将 l 方程化成参数方程，得 $x = t, y = 3t + 1, z = 2t + 1$，然后通过绘图判定直线 l 与平面 π 的位置关系，具体代码如下：

```
t = -40:0.5:40;
[x1,y1] = meshgrid(t);
z1 = 2 * x1 + 3 * y1 - 4;
mesh(x1,y1,z1);
hold on;
x2 = t;
y2 = 3 * t + 1;
z2 = 2 * t + 1;
plot3(x2,y2,z2);
xlabel('x');
ylabel('y');
zlabel('z');
```

运行程序，得到如图 8-1 所示的结果，从图中可以看出两者的位置关系为相交。

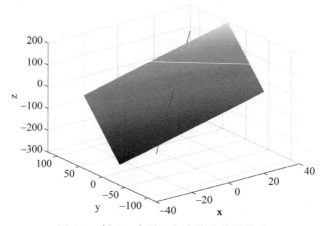

图 8-1　例 8-5 中平面与直线的位置关系

例 8-6 由平面 $\pi_1: 2x - y - 2z - 5 = 0$ 和 $\pi_2: x + 3y - z - 1 = 0$ 是否可以确定一条直线？

解：

先在空间坐标系中绘制两个平面，如果两个平面相交，则由它们可以确定一条直线。实现代码如下：

```
s = - 20:0.4:20;
[x1,y1] = meshgrid(s);
z1 = (2 * x1 - y1 - 5)/2;
mesh(x1,y1,z1);
hold on;
z2 = x1 + 3 * y1 - 1;
mesh(x1,y1,z2);
xlabel('x');
ylabel('y');
zlabel('z');
```

　　运行程序,得到如图 8-2 所示的结果,从图中可以看出两平面相交,故两点可以确定一条直线。

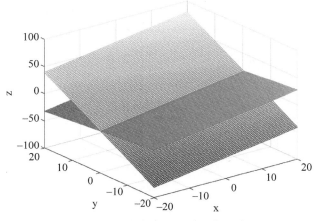

图 8-2　例 8-6 中两个平面的位置关系

8.5　曲面与空间曲线

　　在研究空间解析几何时,曲面形状的判断和表达是基础,定量的计算都需要依靠这些曲面方程。当然,能够用数学方程表达的曲面都是完美的曲面,比如椭球面。还有一些不规则的曲面,就不能用严格的方程表达。本书研究的内容主要是这些主流的完美曲面。

8.5.1　典型曲面的数学方程表达

　　常见的几种曲面及其方程形式如表 8-2 所示。

表 8-2　常见的曲面及其方程形式

椭球面	$\dfrac{x^2}{a^2}+\dfrac{y^2}{b^2}+\dfrac{z^2}{c^2}=1\ (a>0,b>0,c>0)$
椭圆抛物面	$z=\dfrac{x^2}{2p}+\dfrac{y^2}{2q}\ (p\ 与\ q\ 同号)$
双曲抛物面	$-\dfrac{x^2}{2p}+\dfrac{y^2}{2q}=z\ (p\ 与\ q\ 同号)$
单叶双曲面	$\dfrac{x^2}{a^2}+\dfrac{y^2}{b^2}-\dfrac{z^2}{c^2}=1\ (a>0,b>0,c>0)$
双叶双曲面	$\dfrac{x^2}{a^2}+\dfrac{y^2}{b^2}-\dfrac{z^2}{c^2}=-1\ (a>0,b>0,c>0)$
二次锥面	$\dfrac{x^2}{a^2}+\dfrac{y^2}{b^2}-\dfrac{z^2}{c^2}=0\ (a>0,b>0,c>0)$

研究空间曲面的时候，经常会研究空间曲线与曲面的关系，所以也需要知道空间曲线的表达形式，如表 8-3 所示。

表 8-3　常见的曲线及其方程形式

空间曲线的一般方程	$\begin{cases} F(x,y,z)=0 \\ G(x,y,z)=0 \end{cases}$
空间曲线的参数方程	$\begin{cases} x=x(t) \\ y=y(t) \\ z=z(t) \end{cases}$

8.5.2　实例分析

知道直线、平面、曲线、曲面的方程以后，利用 MATLAB 作图，能够更直观地看到这些线和面的可视化结果。

例 8-7　二维极坐标下绘制 $r=at$（Archimedes Spiral，阿基米德螺旋线）的图形。

解：

```
T = 0:0.01:2*pi;
a = 2;
r = a * T;
polar (T, r);
```

运行程序，得到如图 8-3 所示的结果。

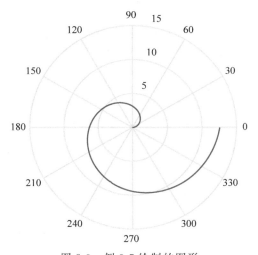

图 8-3　例 8-7 绘制的图形

例 8-8　参数方程 $x = \sin t$，$y = 4\cos t$，$z = 3t$，$-10 \leqslant t \leqslant 20$ 表示一段螺旋线，利用 MATLAB 中的 plot3 函数绘制该曲线的图形。

解：

```
t = -10:0.05:20;
x = sin(t);
y = 4 * cos(t);
z = 3 * t;
plot3(x,y,z);
title('三维的螺旋线')
xlabel('x');
ylabel('y');
zlabel('z');
```

运行程序，得到如图 8-4 所示的结果。

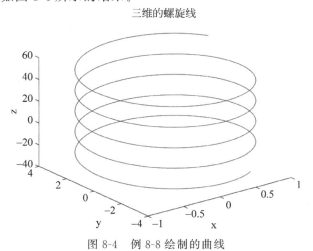

图 8-4　例 8-8 绘制的曲线

例 8-9 用 MATLAB 中的 mesh、meshgrid 函数绘制锥面 $\dfrac{x^2}{4^2}+\dfrac{y^2}{5^2}-\dfrac{z^2}{3^2}=0$ 的空间曲面图形。

解：

```
x = -3:0.1:3;y = x;
[xx,yy] = meshgrid(x,y);
z = 3 * sqrt(xx.^2/16 + yy.^2/25);
mesh(xx,yy,z);
hold on;
z = -3 * sqrt(xx.^2/16 + yy.^2/25);
mesh(xx,yy,z)
xlabel('x');
ylabel('y');
zlabel('z');
```

运行程序，得到如图 8-5 所示的结果。

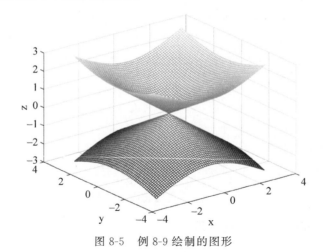

图 8-5　例 8-9 绘制的图形

hold on 命令用于保留之前的作图，也可以利用 hold on 在一个 figure 上显示多张图。

空间的曲面和曲线都可以通过方程来表示，在 MATLAB 中只要输入方程的形式就可以得到曲面或曲线的表达式。事实上，在掌握了 MATLAB 中一些基本运算符号的输入以及一些函数之后，曲线、曲面便能够以参数方程、联立方程组、一般方程等诸多形式输入 MATLAB 命令中。

例 8-10 在 MATLAB 中表示 $\dfrac{x^2}{4^2}+\dfrac{y^2}{5^2}-\dfrac{z^2}{3^2}=0(z>0)$。

解：

```
z = 3 * sqrt(x.^2/16 + y.^2/25)
```

例 8-11　在 MATLAB 中表示 $x = \sin t$, $y = 4\cos t$, $z = 3t$, $-10 \leqslant t \leqslant 20$。

解：

```
t = -10:0.05:20; % 这里将 t 设成离散的, 以方便将来作图
x = sin(t)
y = 4 * cos(t)
z = 3 * t
```

8.6　空间解析几何综合实例分析

常见的几何体, 比较容易想象出它们的形状, 但是在实际的科研和生活中, 经常会遇到一些不规则的几何体, 只根据方程不容易想象它们的形状, 但借助 MATLAB 就可以将这些复杂的、不规则的几何体的图形呈现出来, 便于判断空间几何体间的位置关系。另外, 基于空间几何体的解析方程, 借助图形仿真技术, 还可以模仿模型参数变化对图形的影响以及做辅助产品设计, 本节将介绍空间解析几何相关的这方面的实例。

8.6.1　空间图形位置关系判断

例 8-12　判断平面 $2x - 3y + 8z + 12 = 0$ 与球面 $(x-7)^2 + (y+9)^2 + (z+5)^2 = 50^2$ 的位置关系。

解：

```
clear;
s = -100:100;
[x,y] = meshgrid(s);
z = (-2 * x + 3 * y - 12)/8;
u = 0:pi/20:pi;
v = 0:pi/20:2 * pi;
[U,V] = meshgrid(u,v);
% 运用圆的参数方程
x1 = 50 * sin(U). * cos(V) + 7;
y1 = 90 * sin(U). * sin(V) - 9;
z1 = 50 * cos(U) - 5;
mesh(x,y,z);
hold on;
surf(x1,y1,z1);
xlabel('x');
ylabel('y');
zlabel('z');
```

运行程序，得到如图 8-6 所示的结果，从图中可以看出两者的位置关系为相交。

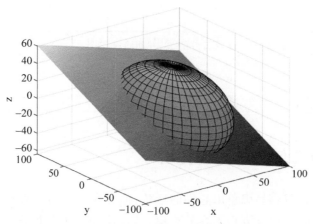

图 8-6　例 8-12 中平面与球面的位置关系

例 8-13　已知柱面 $\dfrac{(x+2)^2}{4^2}+\dfrac{(y-1)^2}{3^2}=1$ 和马鞍面 $z=\dfrac{x^2}{8}-\dfrac{y^2}{6}$，判断二者的位置关系。

解：

首先需要将柱面方程参数化，然后在同一坐标系中分别绘制柱面和马鞍面，再根据图形判定两者的位置关系。实现代码如下：

```
t = 0:pi/20:2 * pi;
x1 = 4 * cos(t) - 2;
y1 = 3 * sin(t) + 1;
z1 = linspace( - 6,6,length(t));
x1 = meshgrid(x1);
y1 = meshgrid(y1);
z1 = meshgrid(z1)';
mesh(x1,y1,z1);
hold on; % 在保持柱面图的基础上，再绘制马鞍面图形，将两图同时显现
[X,Y] = meshgrid( - 7:0.2:7);
Z = X.^2/8 - Y.^2/6;
mesh(X,Y,Z);
xlabel('x');
ylabel('y');
zlabel('z');
```

运行程序，得到如图 8-7 所示的结果，从图中可以看出两者的位置关系为相交。

xlabel 命令用于为 x 轴添加标签。其基本语法为 xlabel(txt)。ylabel、zlabel 同理。

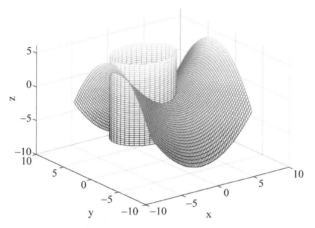

图 8-7　例 8-13 中柱面与马鞍面的位置关系

例 8-14　作出曲面 $z=\sqrt{x^2+y^2}$ 与 $x^2+y^2+z^2=4$ 所围的立体图形。

解：

```
[t,r] = meshgrid([0:0.01 * pi:2 * pi],[0:0.02:2]);
x = r. * cos(t);
y = r. * sin(t);
Z1 = sqrt(x.^2 + y.^2);
Z2 = sqrt(abs(4 - x.^2 - y.^2));
z1 = Z1;
z2 = Z2;
z1(Z1 > Z2) = nan;
z2(Z1 > Z2) = nan;
mesh(x,y,z1)
hold on
mesh(x,y,z2)
axis equal
xlabel('x');
ylabel('y');
zlabel('z');
```

运行程序，得到如图 8-8 所示的结果。

8.6.2　参数变化时曲面的数值仿真

在分析空间解析几何时，有时需要讨论参数变化对几何体的影响，比如对形状、空间范围的影响等。借助仿真方法可以灵活调整参数的数值，然后进行图形的仿真，从而便于确定模型参数的影响。

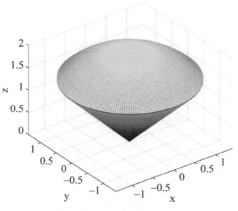

图 8-8　例 8-14 绘制的图形

例 8-15　已知二次方程 $\dfrac{x^2}{a^2}+\dfrac{y^2}{b^2}+\dfrac{z^2}{c^2}=d$，讨论参数 a、b、c、d 变化时，对应曲面形状的变化。

解：

本题开放性较强，可以考查某一变量增大时该椭圆的形状变化，例如，当初始值为 $(a,b,c,d)=(1,2,3,4)$ 时的曲面变化情况。代码如下：

```
a = 1;
b = 2;
c = 3;
d = 4;
nst = 100;
nr = 100;
st = linspace(0,2 * pi,nst);
R = sqrt(d);
r = sin(linspace(0,pi/2,nr)) * R;
X = [];
Y = [];
Z = [];
for i = 1:nr
    x = a * r(i) * cos(st);
    y = b * r(i) * sin(st);
    z2 = c * c * (d - r(i) * r(i));
    z3 = sqrt(z2);
    z = ones(1,nst) * z3;
    X = [X;x];
    Y = [Y;y];
    Z = [Z;z];
end
```

```
surf([X X],[Y Y],[Z – Z])
axis equal;
shading flat
grid on;
xlabel('x');
ylabel('y');
zlabel('z');
```

运行程序,得到如图 8-9 所示的结果。

8.6.3　计算曲面的切平面

在研究空间解析几何,或者做产品的形状设计时,通常需要确定曲面某个点的切平面。因此寻找曲面过某点的切平面比较实用。本例将介绍一个常用的梯度逼近寻找切平面的方法。

这个例子要确定曲面 $z = x^2 + y^2$ 的一个切平面。确定的原理是梯度逼近,即按有限差分逼近函数梯度,通过这些逼近的梯度确定并绘制曲面上某个点的切平面。

首先,使用函数句柄创建函数 $f(x,y) = x^2 + y^2$:

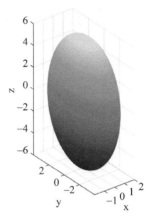

图 8-9　例 8-15 绘制的图形

```
f = @(x,y) x.^2 + y.^2;
```

使用 gradient 函数,相对 x 和 y 逼近 $f(x,y)$ 的偏导数。选择与网格大小相同的有限差分长度:

```
[xx,yy] = meshgrid( – 5:0.25:5);
[fx,fy] = gradient(f(xx,yy),0.25);
```

曲面上的点 $P(x_0, y_0, f(x_0, y_0))$ 的切平面表示为

$$z = f(x_0, y_0) + \frac{\partial f(x_0, y_0)}{\partial x}(x - x_0) + \frac{\partial f(x_0, y_0)}{\partial y}(y - y_0)$$

$f(x)$ 和 $f(y)$ 是偏导数 $\dfrac{\partial f}{\partial x}$ 和 $\dfrac{\partial f}{\partial y}$ 的近似值。此示例中的相关点(即切平面与函数平面的接合点)为 $f(x_0, y_0) = (1,2)$。此相关点位置的函数值为 $f(1,2) = 5$。

为逼近切平面 z,需要求取相关点的导数值。获取该点的索引并求取该位置的近似导数:

```
x0 = 1;
y0 = 2;
t = (xx == x0) & (yy == y0);
indt = find(t);
fx0 = fx(indt);
fy0 = fy(indt);
```

其次，使用切平面 z 的方程创建函数句柄：

```
z = @(x,y) f(x0,y0) + fx0 * (x - x0) + fy0 * (y - y0);
```

最后，绘制原始函数 $f(x,y)$、点 P 以及在 P 位置与曲面相切的平面 z 的片段（如图 8-10 所示）：

```
surf(xx,yy,f(xx,yy),'EdgeAlpha',0.7,'FaceAlpha',0.9)
hold on
surf(xx,yy,z(xx,yy))
plot3(1,2,f(1,2),'r * ')
xlabel('x');
ylabel('y');
zlabel('z');
```

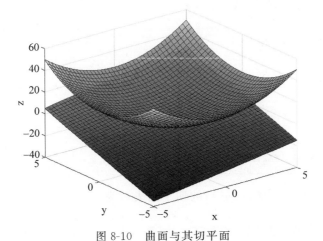

图 8-10　曲面与其切平面

查看侧剖图（如图 8-11 所示）：

```
view( - 135,9)
xlabel('x');
ylabel('y');
zlabel('z');
```

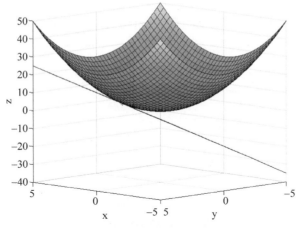

图 8-11　曲面与其切平面的侧剖图

8.6.4　空间解析几何辅助 3D 打印

3D 打印是快速成型技术的一种，又称增材制造，它是一种以数字模型（空间解析几何的方程）为基础，运用粉末状金属或塑料等可粘合材料，通过逐层打印的方式来构造物体的技术。3D 打印技术与普通打印工作原理基本相同，打印机内装有液体或粉末等"打印材料"，与计算机连接后，通过计算机控制把"打印材料"一层层叠加起来，最终把计算机上的蓝图变成实物，这项打印技术称为 3D 立体打印技术，简称 3D 打印。

3D 打印通常是采用数字技术材料打印机来实现的。常在模具制造、工业设计等领域被用于制造模型，后逐渐用于一些产品的直接制造，已经有使用这种技术打印的零部件。该技术在珠宝、鞋类、工业设计、建筑、工程和施工（AEC）、汽车、航空航天、牙科和医疗产业、教育、地理信息系统、土木工程、枪支以及其他领域都有所应用。

实现 3D 的基础是设计出要打印对象的数字模型，其中最主要的数字模型就是要打印对象的各个部件的解析方程。下面介绍的例子就是如何用空间解析几何方法结合 MATLAB 图形仿真实现一个茶壶的设计，主要过程是创建并显示复杂三维对象以及控制其外观。具体实现步骤如下：

（1）获取对象的几何图。

此示例使用一个称为 Newell 茶壶的图形对象。茶壶的顶点、面和颜色索引数据由 teapotData 函数计算得出。由于茶壶是一个复杂的几何形状，因而函数返回大量的顶点（4608 个）和面（3872 个）：

```
[verts, faces,cindex] = teapotGeometry;
```

（2）创建茶壶补片对象。

使用几何数据，用 patch 命令绘制茶壶。patch 命令创建补片对象：

```
figure
p =
patch('Faces',faces,'Vertices',verts,'FaceVertexCData',cindex,'FaceColor','interp');
xlabel('x');
ylabel('y');
```

运行程序，得到如图 8-12 所示的图形。

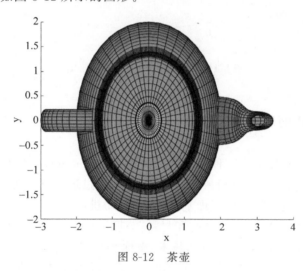

图 8-12　茶壶

使用 view 命令更改对象的方向：

```
view(-151,30)      % change the orientation
axis equal off     % make the axes equal and invisible
```

运行程序，得到如图 8-13 所示的图形。

图 8-13　更改方向后的茶壶

（3）调整透明度。

使用补片对象的 FaceAlpha 属性使对象变得透明：

```
p.FaceAlpha = 0.3;       % make the object semi - transparent
```

运行程序,得到如图 8-14 所示的图形。

如果 FaceColor 属性设置为 none,则该对象会作为线框图显示:

```
p. FaceColor = 'none';       % turn off the colors
```

运行程序,得到如图 8-15 所示的图形。

图 8-14　调整透明度后的茶壶　　图 8-15　FaceColor 属性设置为 none 后的茶壶

（4）更改颜色。

使用 colormap 函数更改对象的颜色:

```
p.FaceAlpha = 1;            % remove the transparency
p.FaceColor = 'interp';     % set the face colors to be interpolated
p.LineStyle = 'none';       % remove the lines
colormap(copper)            % change the colormap
```

运行程序,得到如图 8-16 所示的图形。

（5）用光源照射对象。

添加一个光源,使对象看起来更加逼真:

```
l = light('Position',[ - 0.4 0.2 0.9],'Style','infinite');
lighting gouraud
```

运行程序,得到如图 8-17 所示的图形。

图 8-16　更改颜色后的茶壶　　图 8-17　添加光源后的茶壶

补片对象的以下属性会影响光照强度和对象的反光属性：

- AmbientStrength：控制环境光的强度。
- DiffuseStrength：控制散射光的强度。
- SpecularStrength：控制反射光的强度。
- SpecularExponent：控制反射光的粗糙度。
- SpecularColorReflectance：控制反射颜色的计算方式。

可以分别设置这些属性。若要将这些属性设置为一组预先确定的值来获得近似金属材料、闪光材料或哑光材料的外观，可以使用 material 命令：

```
material shiny
```

运行程序，得到如图 8-18 所示的图形。

使用光源的 Position 属性调整其位置，位置以 x、y、z 坐标表示：

```
l.Position = [-0.1 0.6 0.8];
```

运行程序，得到如图 8-19 所示的图形。

图 8-18 使用 material 命令后的茶壶

图 8-19 调整位置后的茶壶

8.7 拓展内容

空间几何体的可视化表达与坐标的类型有关，有时为了方便需要更换坐标系，本节将介绍坐标系的变换方法。另外，MATLAB 绘图的内容也比较多，顺便介绍一些 MATLAB 绘图的方法。

8.7.1 MATLAB 坐标系转换方法

绘制几何体的图形需要在特定的坐标系中进行。坐标系的种类很多，常用的坐标系有笛卡儿直角坐标系、平面极坐标系、柱面坐标系（或称柱坐标系）和球面坐标系（或称球坐标系）等。有时为了研究的方便需要转换坐标系，MATLAB 也提供了转换坐标系的函数。

（1）pol2cart：将极坐标或柱坐标转换为笛卡儿坐标。使用方法如下：

［x,y］＝ pol2cart(theta,rho)：将极坐标数组 theta 和 rho 的对应元素转换为二维笛卡儿坐标，即 xy 坐标。

［x,y,z］＝ pol2cart(theta,rho,z)：将柱坐标数组 theta、rho 和 z 的对应元素转换为三维笛卡儿坐标，即 xyz 坐标。

（2）sph2cart：将球面坐标转换为笛卡儿坐标。使用方法如下：

［x,y,z］＝ sph2cart(azimuth,elevation,r)：将球面坐标数组 azimuth、elevation 和 r 的对应元素转换为笛卡儿坐标，即 xyz 坐标。

另外还有 cart2pot、cart2sph 等函数。

例 8-16 运用 MATLAB 将极坐标方程 $r = at$ 转换为直角坐标并绘图。

解：

```
T = 0:0.01:2 * pi;
a = 2;
r = a * T;
[x,y] = pol2cart(T,r);
plot(x,y);
xlabel('x');
ylabel('y');
```

运行程序,得到如图 8-20 所示的结果。

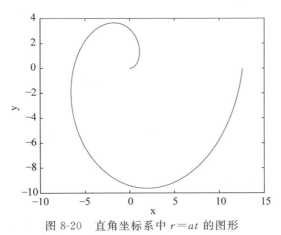

图 8-20　直角坐标系中 $r = at$ 的图形

例 8-17　（轨迹问题）球面上的一个点的起始球坐标为（$-20°$,$-50°$）,半径为 50,两个角分别以 2r/min、4r/min 的速度转动,利用 MATLAB 在直角坐标系中画出这个点的运动轨迹。

提示：球面的参数方程（球坐标）如下：

$$\begin{cases} x = \alpha\sin\varphi\cos\theta \\ y = \alpha\sin\varphi\sin\theta \\ z = \alpha\cos\varphi \end{cases}$$

解：

```
m = { - 20 - 50 50 2 4};
[a,b,r,w1,w2] = deal(m{:});
t = 0:0.01:0.5;
a = a * pi/180;
b = b * pi/180;
w1 = w1 * pi * 2;
w2 = w2 * pi * 2;
x1 = a + w1 * t;
x2 = a + w2 * t;
r = r * ones(1,length(t));
[x,y,z] = sph2cart(x1,x2,r);
plot3(x,y,z)
xlabel('x');
ylabel('y');
zlabel('z');
```

运行程序，得到如图 8-21 所示的结果。

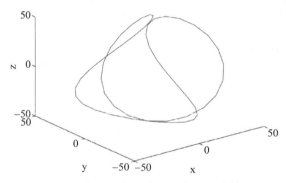

图 8-21　直角坐标系中球上点的运动轨迹

8.7.2　参数方程的空间解析几何

参数方程在表达空间解析几何时往往更灵活，可以使用参数方程绘制一些比较复杂但有趣的几何体图形，下面将展示几个通过参数方程绘制的空间解析几何图形。

例 8-18　绘制椭圆圆柱的一部分曲面。

解：

```
syms s t
fsurf(3 * cos(t), s, sin(t), [ -1 1 0 2 * pi], 'MeshDensity', 12)
axis equal; axis([ -3 3 -1 1 -1 1])
```

```
xticks( - 3:3); yticks( - 1:1); zticks( - 1:1)
xlabel('x');
ylabel('y');
zlabel('z');
```

运行程序,得到如图 8-22 所示的结果。

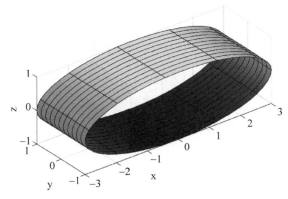

图 8-22 椭圆圆柱的一部分曲面

例 8-19 设计一个枕头状的曲面。

解:

```
syms u v
fsurf(cos(u), sin(u) * sin(v), cos(v), 'r', [0 2 *
pi 0 2 * pi], 'MeshDensity', 16)
axis equal; axis([ - 1 1 - 1 1 - 1 1])
xticks( - 1:1); yticks( - 1:1); zticks( - 1:1)
xlabel('x');
ylabel('y');
zlabel('z');
```

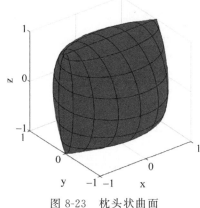

图 8-23 枕头状曲面

运行程序,得到如图 8-23 所示的结果。

例 8-20 绘制一个无盖被压扁的锡罐的曲面。

解:

```
syms u v
fsurf(sin(u), cos(u) * sin(v), sin(v), [0 2 * pi 0 2 * pi], 'MeshDensity', 16)
axis equal; axis([ - 1 1 - 1 1 - 1 1])
xticks( - 1:1); yticks( - 1:1); zticks( - 1:1)
xlabel('x');
```

```
ylabel('y');
zlabel('z');
```

运行程序，得到如图 8-24 所示的结果。

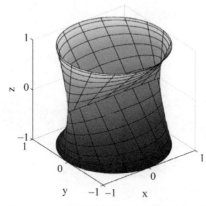

图 8-24　无盖且被压扁的锡罐的曲面

例 8-21　绘制半个圆柱体的曲面。

解：

```
syms t y
fsurf(3 * cos(t), y, 3 * sin(t), [0 pi - 4 4], 'MeshDensity', 14)
axis equal; axis([ - 3 3 - 4 4 - 3 3])
xticks( - 3:3:3); yticks( - 4:4:4); zticks( - 3:3:3)
xlabel('x');
ylabel('y');
zlabel('z');
```

运行程序，得到如图 8-25 所示的结果。

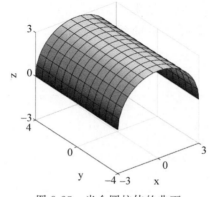

图 8-25　半个圆柱体的曲面

例 8-22 绘制一个喇叭的曲面。

解：

```
syms t u
fsurf(cos(t)/u, u, sin(t)/u, [0 2 * pi 1 5], 'MeshDensity', 14)
axis equal; axis([ -1 1 1 5 -1 1])
xticks( -1:1); yticks(1:5); zticks( -1:1)
xlabel('x');
ylabel('y');
zlabel('z');
```

运行程序,得到如图 8-26 所示的结果。

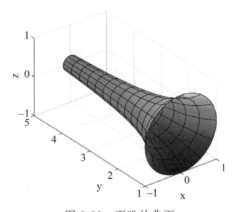

图 8-26　喇叭的曲面

例 8-23 绘制罐头瓶上某一点的切平面。

解：

```
syms u v x y z
r = [sin(u) cos(u) * sin(v) sin(v)];
P = subs(r, [u v], [pi/6 pi/6]);
ru = diff(r,u);
rv = diff(r,v);
ruP = subs(ru, [u v], [pi/6 pi/6]);
rvP = subs(rv, [u v], [pi/6 pi/6]);
n = cross(ruP,rvP);
TP_P = dot(n,[x y z]) == dot(n,P);
TP_P = expand( TP_P * ( -16/sqrt(3)) );
TP_P_alt = z == solve(TP_P, z);

figure
fsurf(rhs(TP_P_alt), [0 1 0 2], 'm', 'MeshDensity', 12)
```

```
axis([0 1 0 2 0 2]); xticks(0:1); yticks(0:2); zticks(0:2)
xlabel('x');
ylabel('y');
zlabel('z');
```

运行程序，得到如图 8-27 所示的结果。

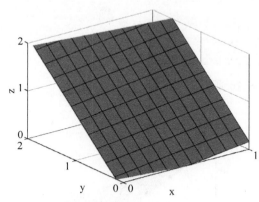

图 8-27 罐头瓶上某一点的切平面

例 8-24 绘制螺旋坡道曲面并计算其表面积。

解：

```
syms u v
r = [u * cos(v) u * sin(v) v];
ru = diff(r,u); rv = diff(r,v);
n = cross(ru,rv);
mag_n = simplify(sqrt(sum(n.^2)));
S = int(int(mag_n, v, 0, pi), u, 0, 1)
```

$$S = \frac{\pi(\log(\sqrt{2}+1)+\sqrt{2})}{2}$$

```
S_appx = double(S)  % in cm^2
```

S_appx = 3.6059

```
%
figure
fsurf(r(1), r(2), r(3), [0 1 0 pi], 'MeshDensity', 12)
axis equal; axis([-1 1 0 1 0 3])
xticks(-1:1); yticks(0:1); zticks(0:3)
```

```
xlabel('x');
ylabel('y');
zlabel('z');
```

运行程序,得到如图 8-28 所示的结果。

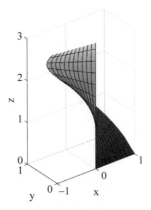

图 8-28　螺旋坡道曲面

例 8-25　绘制"小蛮腰"柱体曲面并计算其表面积。

解：

```
syms a b c u v positive
r = [a * cosh(u) * cos(v), b * cosh(u) * sin(v), c * sinh(u)];
lhs_equals_one = simplify(r(1)^2 / a^2 + r(2)^2 / b^2 - r(3)^2 / c^2);
r = subs(r, [a b c], [1 2 3]);
ru = diff(r,u); rv = diff(r,v);
n = simplify(cross(ru,rv));
mag_n = simplify(sqrt(sum(n.^2)));
u_min = asinh(sym(-1));
u_max = asinh(sym(1));
S = int(int(mag_n, u, u_min, u_max), v, 0, 2 * pi)
```

$$S = \int_0^{2\pi} \int_{-\mathrm{asinh}1}^{\mathrm{asinh}1} \sqrt{\sinh^2(2u) + 36\cosh^4 u \cos^2 v + 9\cosh^4 u \sin^2 v}\, \mathrm{d}u\, \mathrm{d}v$$

```
S_appx = double(S)  % in cm^2
```

S_appx = 68.2229

```
figure
lo = double(u_min);
```

```
hi = double(u_max);
fsurf(r(1), r(2), r(3), [lo hi 0 2 * pi], 'MeshDensity', 14)
axis equal; axis([ - 2 2 - 3 3 - 3 3])
xticks( - 2:2); yticks( - 3:3); zticks( - 3:3)
xlabel('x');
ylabel('y');
zlabel('z');
```

运行程序,得到如图 8-29 所示的结果。

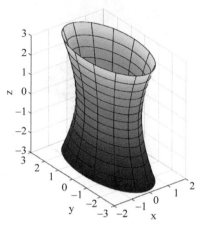

图 8-29 "小蛮腰"柱体曲面

8.7.3 曲面动画绘图的实现

在绘制曲面图的时候,如果有动画效果,则能够更好地呈现图的变化过程,同时也让学习过程变得更有趣。下面将通过一个例子介绍如何使用 MATLAB 实现曲面图的动画效果。

这个例子说明如何对曲面进行动画处理,更具体地说是对球谐函数进行动画处理。球谐函数是傅里叶级数对球面的展开形式,和振动有关,从某种意义上来说和三角函数相似,因为它们只是在"不同坐标系"下描述"不同方向"的振动,可用于构建地球自由振动模型。

这里对这个概念只需了解就可以了,主要关注点还是放在动画的实现上。

绘制这个球面动画效果的具体过程如下:

(1) 定义球面网格。

定义球面网格上的一组点以计算谐波。

```
theta = 0:pi/40:pi;                    % polar angle
phi = 0:pi/20:2 * pi;                  % azimuth angle
[phi,theta] = meshgrid(phi,theta);     % define the grid
```

（2）计算球谐函数。

在半径为 5 的球面上计算一个次数为 6、阶数为 1、幅值为 0.5 的球谐函数，然后将值转换为笛卡儿坐标。

```
degree = 6;
order = 1;
amplitude = 0.5;
radius = 5;
Ymn = legendre(degree,cos(theta(:,1)));
Ymn = Ymn(order + 1, :)';
yy = Ymn;
for kk = 2: size(theta,1)
    yy = [yy Ymn];
end
yy = yy. * cos(order * phi);
order = max(max(abs(yy)));
rho = radius + amplitude * yy/order;
r = rho. * sin(theta);          % convert to Cartesian coordinates
x = r. * cos(phi);
y = r. * sin(phi);
z = rho. * cos(theta);
```

（3）在球面上绘制球谐函数。

使用 surf 函数在球面上绘制球谐函数。

```
figure
s = surf(x,y,z);

light                          % add a light
lighting gouraud               % preferred lighting for a curved surface
axis equal off                 % set axis equal and remove axis
view(40,30)                    % set viewpoint
camzoom(1.5)                   % zoom into scene
```

运行程序，得到如图 8-30 所示的结果。

（4）为曲面添加动画效果。

要为曲面添加动画效果，可以使用 for 循环更改绘图中的数据。要替换曲面数据，可以将曲面的 XData、YData 和 ZData 属性设置为新值。要控制动画的速度，可以在更新曲面数据后使用 pause。

图 8-30　添加动画效果前的球面

```
scale = [linspace(0,1,20) linspace(1, -1,40)];        % surface scaling (0 to 1 to -1)
for ii = 1:length(scale)
    rho = radius + scale(ii) * amplitude * yy/order;
    r = rho. * sin(theta);
    x = r. * cos(phi);
    y = r. * sin(phi);
    z = rho. * cos(theta);
    s.XData = x;              % replace surface x values
    s.YData = y;              % replace surface y values
    s.ZData = z;              % replace surface z values

    pause(0.05)              % pause to control animation speed
end
```

运行程序,能够看到球面的动画效果,某一瞬间的截图如图 8-31 所示。

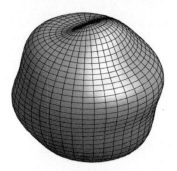

图 8-31   添加动画效果后球面的某个瞬间的截图

8.8   上机实践

1. 求点 $M(4,-3,5)$ 到原点的距离以及该点与原点连线的线段与各个坐标轴的夹角。

2. 试证明以三点 $A(4,1,9)$、$B(10,-1,6)$、$C(2,4,3)$ 为顶点的三角形是等腰直角三角形。

3. 当 $\dfrac{a_1}{b_1}=\dfrac{a_2}{b_2}=\dfrac{a_3}{b_3}$ 时,证明如下等式成立:

$$\sqrt{a_1^2+a_2^2+a_3^2}\sqrt{b_1^2+b_2^2+b_3^2}=|a_1b_1+a_2b_2+a_3b_3|$$

4. 已知平面的三个点 $P_1(1,2,3)$、$P_2(2,4,5)$、$P_3(0,42,1.4)$,求平面的一个法向量。

5. 利用 MATLAB 绘制下列点并指出其所在卦限:

$A(1,-2,3)$,$B(2,3,-4)$,$C(2,-3,-4)$,$D(-2,-3,1)$

6. 画出下列各方程所表示的曲面:

(1) $\left(x-\dfrac{a}{2}\right)^2+y^2=\left(\dfrac{a}{2}\right)^2$；　　　　(2) $-\dfrac{x^2}{4}+\dfrac{y^2}{9}=1$；

(3) $\dfrac{x^2}{9}+\dfrac{z^2}{4}=1$；　　　　　　(4) $y^2-z=0$；

(5) $z=2-x^2$。

7. 画出下列各曲面所围的立体图形：

(1) 抛物柱面 $2y^2=x$，平面 $z=0$ 及 $\dfrac{x}{4}+\dfrac{y}{2}+\dfrac{z}{2}=1$；

(2) 抛物柱面 $x^2=1-z$，平面 $y=0$、$z=0$ 及 $x+y=1$；

(3) 圆锥面 $z=\sqrt{x^2+y^2}$，平面 $y=0$、$z=0$ 及 $x+y=1$；

(4) 旋转抛物面 $x^2+y^2=z$，柱面 $y^2=x$，平面 $z=0$ 及 $x=1$。

第 **9** 章 多元函数微分法及其应用

前面的章节中介绍的都是关于一元函数的微积分,本章开始学习多元函数的微积分。多元函数的极限、导数、泰勒公式等与一元函数微分相似,由于多元函数对多个变量的依赖,又产生了一些新的问题,例如全微分、方向导数与梯度。如何在一元函数微积分的基础上既发现联系,又感知区别,是在这一章的学习中需要注意的。

多元函数是 n 维空间中的点到实数的映射。由于具有更多的自由度,因此多元函数微积分比一元函数微积分要复杂一些。多元函数的偏导数、偏微分、全微分的概念是比较容易混淆的。一旦混淆,对于多元复合函数求导的链式法就不容易理解了,还可能在今后的推导过程中出现运算错误。学习多元微积分的时候,需要注意这些概念的比较,另外可以结合 MATLAB 程序,通过计算实例辅助理解这些概念,同时增强应用这些概念解决实际问题的能力。在现实世界的数学问题中,多元微积分广泛存在,比如在热力学、统计物理、电动力学、控制原理、光学等学科或领域中,常常需要用到偏导数、全微分,因此这部分内容对于其他学科的学习也是比较重要的。

9.1 本章目标

在这一章中,将用 MATLAB 实现以下操作:

(1) 使用 meshgrid 和 mesh 进行二元函数作图。

(2) 使用 limit 累次运算求多元函数极限。

(3) 使用 diff 命令求偏导。

(4) 使用 subs 给全微分表达式赋值。

(5) 作隐函数图像。

(6) 定义函数求隐函数。

(7) 使用偏导求切线、切平面、法线、法平面。

(8) 使用 gradient 指令求梯度。

(9) 利用梯度求切平面。

（10）使用 fminsearch 求函数最小值。

（11）使用 taylor 指令求二元函数的泰勒公式。

（12）使用 polyfit 指令拟合多项式函数。

9.2 相关命令

本章涉及的新的 MATLAB 命令如下。

（1）gradient：计算数值梯度。用法如下：

- FX＝gradient(F)：返回向量 F 的一维数值梯度。输出 FX 对应于 $\partial F/\partial x$，即 x（水平）方向上的差分。点之间的间距假定为 1。

- [FX,FY]＝gradient(F)：返回矩阵 F 的二维数值梯度的 x 和 y 分量。附加输出 FY 对应于 $\partial F/\partial y$，即 y（垂直）方向上的差分。每个方向上的点之间的间距假定为 1。

- [FX,FY,FZ,…,FN]＝gradient(F)：返回 F 的数值梯度的 N 个分量，其中 F 是一个 N 维数组。

- [__]＝gradient(F,h)：使用 h 作为每个方向上的点之间的均匀间距，可以指定上述语法中的任何输出参数。

- [__]＝gradient(F,hx,hy,…,hN)：为 F 的每个维度上的间距指定 N 个间距参数。

（2）fminsearch：使用无导数法计算无约束的多变量函数的最小值。用法如下：

- x＝fminsearch(fun,x0)：在点 x0 处开始并尝试求 fun 中描述的函数的局部最小值 x。

- x＝fminsearch(fun,x0,options)：使用结构体 options 中指定的优化选项求最小值。使用 optimset 可设置这些选项。

- x＝fminsearch(problem)：求 problem 的最小值，其中 problem 是一个结构体。

- [x,fval]＝fminsearch(__)：对任何上述输入语法，在 fval 中返回目标函数 fun 在解 x 处的值。

- [x,fval,exitflag]＝fminsearch(__)：返回描述退出条件的值 exitflag。

- [x,fval,exitflag,output]＝fminsearch(__)：返回结构体 output 以及有关优化过程的信息。

（3）taylor：计算泰勒级数。用法如下：

- T＝taylor(f,var)：在 var＝0 处，用函数 f 的泰勒级数展开式五阶逼近 f，如果没有指定 var，那么 taylor 将使用由 symvar(f,1)确定的默认变量。

- T＝taylor(f,var,a)：在 var＝a 处，用函数 f 的泰勒级数展开式逼近 f。

- T＝taylor(__,Name,Value)：使用由一个或多个参数指定的附加选项得到泰勒级数，可以指定上述语法中的任何输出参数。

（4）polyfit：实现多项式拟合。用法如下：

- p＝polyfit(x,y,n)：返回次数为 n 的多项式 p(x)的系数,该阶数是 y 中数据的最佳拟合（最小二乘法）。p 中的系数按降幂排列,p 的长度为 n+1。
- [p,S]＝polyfit(x,y,n)：返回一个结构体 S,后者可用于获取误差估计值。
- [p,S,mu]＝polyfit(x,y,n)：返回 mu,后者是一个二元向量,包含中心化值和缩放值。mu(1)是 mean(x),mu(2)是 std(x)。使用这些值时,polyfit 将 x 的中心置于零值处并按照单位标准差缩放,这种中心化和缩放变换可同时改善多项式和拟合算法的数值属性。

9.3 多元函数的基本概念

设 D 为一个非空的 n 元有序数组的集合,f 为某一确定的对应规则。若对于每一个有序数组$(x_1,x_2,\cdots,x_n)\in D$,通过对应规则 f,都有唯一确定的实数 y 与之对应,则称对应规则 f 为定义在 D 上的 n 元函数,记为 $y＝f(x_1,x_2,\cdots,x_n)$,其中$(x_1,x_2,\cdots,x_n)\in D$。变量 $x_1,x_2,\cdots,x_n$ 称为自变量,y 称为因变量。

9.3.1 通过图形理解多元函数的概念

MATLAB 中可用于函数作图的指令有很多,下面将使用指令 meshgrid 和 mesh 进行矩阵作图。

例 9-1 作出 $z＝\ln(y^2-2x+1)$,$x\in[-10,0]$,$y\in[0,10]$的图形。

解:

```
x = -10:0.1:0;
y = 0:0.1:10;
[X,Y] = meshgrid(x,y);  % 生成矩阵
Z = log(Y.^2 - 2 * X + 1);
mesh(X,Y,Z)
xlabel('x');
ylabel('y');
zlabel('z');
```

运行程序,得到如图 9-1 所示的结果,从图中可以看出,因变量 z 同时受到自变量 x 与 y 的影响,三者形成了典型的三维立体图。

9.3.2 求多元函数的极限

在 MATLAB 中,求多元函数极限通过累次极限实现。与求一元函数极限相同,也使用

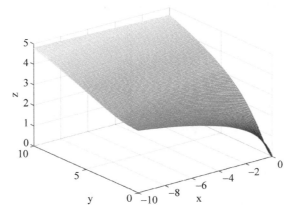

图 9-1　$z=\ln(y^2-2x+1)$，$x\in[-10,0]$，$y\in[0,10]$ 的图形

limit 函数。

例 9-2　求 $\displaystyle\lim_{(x,y)\to(0,2)}\frac{\sin(xy)}{x}$。

解：

```
syms x y; %定义符号变量 x,y
z = (sin(x * y))/x;
lim_xy = limit(limit(z,x,0),y,2)
```

运行程序，得到如下结果：

```
lim_xy = 2
```

9.3.3　判断多元函数连续性

证明多元函数的连续性，可以利用极限值等于函数值的原理。需要注意的是，由于 MATLAB 中多元函数极限是通过累次极限计算的，因此只有已知极限存在时，这个方法才是准确的，有如下的反例：

$$f(x,y)=\begin{cases}\dfrac{xy}{x^2+y^2}, & x^2+y^2\neq0\\ 0, & x^2+y^2=0\end{cases}$$

在这个函数中，由于

$$\lim_{\substack{(x,y)\to(0,0)\\y=0}}f(x,y)=\lim_{x\to0}f(x,0)=0$$

且

$$\lim_{\substack{(x,y)\to(0,0)\\x=0}}f(x,y)=\lim_{y\to0}f(0,y)=0$$

因此语句中的 $\mathrm{limit}(\mathrm{limit}(z,x,0),y,0)$ 输出结果为 0,但事实上该极限不存在,函数在 $(0,0)$ 点间断。

9.4 偏导数

设函数 $z=f(x,y)$ 在点 (x_0,y_0) 某一邻域内有定义。把 y 固定在 y_0,而 x 在 x_0 有增量 Δx 时,相应地函数有增量

$$f(x_0+\Delta x,y_0)-f(x_0,y_0)$$

如果

$$\lim_{\Delta x \to 0}\frac{f(x_0+\Delta x,y_0)-f(x_0,y_0)}{\Delta x}$$

存在,那么此极限值为函数 $z=f(x,y)$ 在 (x_0,y_0) 处对 x 的偏导数,记作 $f_x(x_0,y_0)$。类似地,有 y 方向的偏导。另外,偏导数的定义还可推广到二元以上的函数。

9.4.1 偏导数的求法

求 $z=f(x_0,y_0)$ 的偏导数时,由于只有一个自变量在变动,而另一个自变量是固定的,仍可将其看作一元函数的微分问题,因此多元函数的偏导计算实际上使用的还是一元函数求导命令 diff。

例 9-3 求 $z=x^2\sin(2y)$ 的偏导数。

解:

关于 x 的偏导数:

```
syms x y
f = (x.^2) * sin(2 * y);
dfx = diff(f,x)
```

运行程序,得到如下结果:

$$\frac{\partial z}{\partial x} = 2x\sin(2y)$$

关于 y 的偏导数:

```
syms x y
f = (x.^2) * sin(2 * y);
dfy = diff(f,y)
```

运行程序,得到如下结果:

$$\frac{\partial z}{\partial y} = 2x^2 \cos(2y)$$

9.4.2 高阶偏导数

高阶偏导数在 MATLAB 中的实现分为两种情况,如果多次对不同变量求偏导,则只能通过 Q 分步多次使用 diff 指令实现(为了表示方便,可先定义单次求偏导);而如果是对同一个变量多次求偏导数,则可以直接使用 diff(f,x,n)(n 为阶数)实现。

例 9-4 设 $z = x^3 y^2 - 3xy^3 - xy + 1$,求 $\dfrac{\partial^2 z}{\partial x^2}$、$\dfrac{\partial^2 z}{\partial y \partial x}$、$\dfrac{\partial^2 z}{\partial x \partial y}$、$\dfrac{\partial^2 z}{\partial y^2}$。

解:

```
syms x y
f = (x^3) * (y^2) - 3 * x * (y^3) - x * y + 1;
dfx = diff(f,x);
dfy = diff(f,y);
dfxy = diff(dfx,y)
dfyx = diff(dfy,x)
dfxx = diff(f,x,2)
dfyy = diff(f,y,2)
```

运行程序,得到如下结果:

$$\frac{\partial^2 z}{\partial x \partial y} = 6x^2 y - 9y^2 - 1$$

$$\frac{\partial^2 z}{\partial y \partial x} = 6x^2 y - 9y^2 - 1$$

$$\frac{\partial^2 z}{\partial x^2} = 6xy^2$$

$$\frac{\partial^2 z}{\partial y^2} = 2x^3 - 18xy$$

二阶混合偏导数在连续的条件下与求导的次序无关,这在例中 $f_{xy} = f_{yx}$ 得到了验证。下面作出以上四个二阶偏导数的图形,语句如下:

```
subplot(2,2,1);ezsurf(dfxy);
subplot(2,2,2);ezsurf(dfyx);
subplot(2,2,3);ezsurf(dfxx);
subplot(2,2,4);ezsurf(dfyy);
```

运行程序,得到如图 9-2 所示的结果。

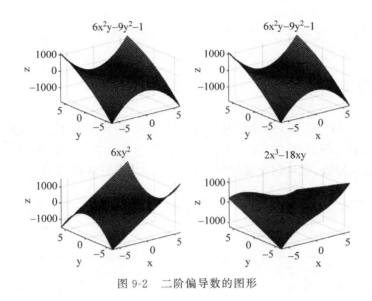

图 9-2　二阶偏导数的图形

9.5　全微分

设函数 $z=f(x,y)$ 在 (x,y) 的某邻域内有定义，如果函数在点 (x,y) 的全增量

$$\Delta z=f(x+\Delta x,y+\Delta y)-f(x,y)$$

可以表示为

$$\Delta z=A\Delta x+B\Delta y+o(\rho)$$

其中，A、B 不依赖于 Δx、Δy，仅与 x、y 有关，$\rho=\sqrt{\Delta x^2+\Delta y^2}$，那么称函数 $z=f(x,y)$ 在点 (x,y) 可微分，$A\Delta x+B\Delta y$ 称为函数 $z=f(x,y)$ 在点 (x,y) 处的**全微分**，记为 $\mathrm{d}z$，即

$$\mathrm{d}z=A\Delta x+B\Delta y$$

9.5.1　全微分的求法

全微分存在的必要条件是各偏微分存在，充分条件是各偏微分连续。下面的例子将介绍如何使用 MATLAB 求全微分。

例 9-5　计算函数 $z=\mathrm{e}^{xy}$ 在点 $(2,1)$ 处的全微分。

解：

根据必要条件，先求出各偏微分，然后写出全微分的表达式，最后代入赋值：

```
syms x y dx dy
z = exp(x * y);
dfx = diff(z,x);
```

```
dfy = diff(z,y);
dz = dfx * dx + dfy * dy;                        % 写出全微分表达式
subs(subs(dz,x,2),y,1)                           % 代入赋值
```

运行程序,得到如下结果:

$$ans = e^2 dx + 2e^2 dy$$

9.5.2　全微分在近似计算中的应用

与一元函数的情况类似,根据全微分的定义和全微分存在的充分条件,当二元函数的两个偏导数都存在且连续,并且 $|\Delta x|$ 和 $|\Delta y|$ 较小时,有等式:

(1) $\Delta z \approx dz = f_x(x,y)\Delta x + f_y(x,y)\Delta y$;

(2) $f(x+\Delta x,y+\Delta y) \approx f(x,y) + f_x(x,y)\Delta x + f_y(x,y)\Delta y$。

以上两个式子是全微分近似计算公式,是全微分近似计算和误差估计的依据。

例 9-6　计算 $1.04^{2.02}$ 。

解:

先构造辅助函数 $f(x,y)=x^y$,然后根据全微分近似计算公式进行计算:

```
syms x y dertax dertay
f = x^y;
dfx = diff(f,x);
dfy = diff(f,y);
esf = f + dertax * dfx + dertay * dfy;
x = 1;
y = 2;
dertax = 0.02;
dertay = 0.04;
subs(esf)
```

运行程序,得到如下结果:

$$ans = \frac{26}{25}$$

9.6　多元复合函数的求导

多元复合函数求导的要点,是先厘清函数关系,画出函数关系图;再按照规则写出式子(有几条路径就是几部分的和,路径的每段对应的导数用乘法连起来);最后计算。需要注意的是一元函数关系直接求导数,多元函数关系用偏导。

函数的关系要靠分析,复合函数的求导规则是明确的,因此首先要掌握这些规则。

9.6.1　多元复合函数的求导法则

多元复合函数的求导有以下几种情况。

1. 一元函数与多元函数复合的情形

若函数 $u=\phi(t),v=\psi(t)$ 都在点 t 处可导,函数 $z=f(u,v)$ 在对应点 (u,v) 具有连续偏导数,那么复合函数 $z=f[\phi(t),\psi(t)]$ 在点 t 处可导,则对应 $z=f(u,v)$ 在点 t 处可导,且有

$$\frac{\mathrm{d}z}{\mathrm{d}t}=\frac{\partial z}{\partial u}\frac{\mathrm{d}u}{\mathrm{d}t}+\frac{\partial z}{\partial v}\frac{\mathrm{d}v}{\mathrm{d}t} \tag{9-1}$$

2. 多元函数与多元函数复合的情形

若函数 $u=\phi(x,y),v=\psi(x,y)$ 都在点 (x,y) 具有对 x、y 的偏导数,函数 $z=f(u,v)$ 在对应点 (u,v) 具有连续偏导数,那么复合函数 $z=f[\phi(x,y),\psi(x,y)]$ 在点 (x,y) 的两个偏导数都存在,且有

$$\frac{\partial z}{\partial x}=\frac{\partial z}{\partial u}\frac{\partial u}{\partial x}+\frac{\partial z}{\partial v}\frac{\partial v}{\partial x} \tag{9-2}$$

$$\frac{\partial z}{\partial y}=\frac{\partial z}{\partial u}\frac{\partial u}{\partial y}+\frac{\partial z}{\partial v}\frac{\partial v}{\partial y} \tag{9-3}$$

3. 其他情形

若函数 $u=\phi(x,y)$ 在点 (x,y) 具有对 x、y 的偏导数,函数 $v=\psi(y)$ 在点 y 可导,函数 $z=f(u,v)$ 在对应点 (u,v) 具有连续偏导数,那么复合函数 $z=f[\phi(x,y),\psi(y)]$ 在点 (x,y) 的两个偏导数都存在,且有

$$\frac{\partial z}{\partial x}=\frac{\partial z}{\partial u}\frac{\partial u}{\partial x} \tag{9-4}$$

$$\frac{\partial z}{\partial y}=\frac{\partial z}{\partial u}\frac{\partial u}{\partial y}+\frac{\partial z}{\partial v}\frac{\partial v}{\partial y} \tag{9-5}$$

(本质上是情形 2 的特例)

4. 全微分形式不变性

设函数 $z=f(x,y)$ 具有连续偏导数,则有全微分

$$\mathrm{d}z=\frac{\partial z}{\partial x}\mathrm{d}x+\frac{\partial z}{\partial y}\mathrm{d}y$$

将式(9-2)和式(9-3)代入上式,得

$$\mathrm{d}z=\left(\frac{\partial z}{\partial u}\frac{\partial u}{\partial x}+\frac{\partial z}{\partial v}\frac{\partial v}{\partial x}\right)\mathrm{d}x+\left(\frac{\partial z}{\partial u}\frac{\partial u}{\partial y}+\frac{\partial z}{\partial v}\frac{\partial v}{\partial y}\right)\mathrm{d}y$$

$$= \frac{\partial z}{\partial u}\left(\frac{\partial u}{\partial x}\mathrm{d}x + \frac{\partial u}{\partial y}\mathrm{d}y\right) + \frac{\partial z}{\partial v}\left(\frac{\partial v}{\partial x}\mathrm{d}x + \frac{\partial v}{\partial y}\mathrm{d}y\right)$$

$$= \frac{\partial z}{\partial u}\mathrm{d}u + \frac{\partial z}{\partial v}\mathrm{d}v$$

由此可见,无论 u 和 v 是自变量还是中间变量,函数 $z = f(u,v)$ 的全微分形式不变。

9.6.2 在 MATLAB 中求导多元复合函数

虽然在基础知识的学习中,采用了对不同复合方式的分类讨论,但在 MATLAB 中采用定义函数的方法,可以统一实现对不同情况的复合函数求导。

例 9-7 设 $u = f(x,y,z) = \mathrm{e}^{x^2+y^2+z^2}$,而 $z = x^2\sin y$,求 $\dfrac{\partial u}{\partial x}$ 和 $\dfrac{\partial u}{\partial y}$。

解:

```
syms x y
z = (x^2) * sin(y);
u = exp(x^2 + y^2 + z^2);
dfx = diff(u,x)
dfy = diff(u,y)
```

运行程序,得到如下结果:

$$\frac{\partial \mathrm{u}}{\partial \mathrm{x}} = \mathrm{e}^{x^4\sin^2 y + x^2 + y^2}\,(4x^3\sin^2 y + 2x)$$

$$\frac{\partial \mathrm{u}}{\partial \mathrm{y}} = \mathrm{e}^{x^4\sin^2 y + x^2 + y^2}\,(2x^4\cos y \sin y + 2y)$$

9.7 隐函数的求导公式

隐函数存在定理 1 设函数 $F(x,y)$ 在点 $P(x_0,y_0)$ 的某一邻域内具有连续偏导数,且 $F(x_0,y_0)=0$,$F_y(x_0,y_0)\neq 0$,则方程 $F(x,y)=0$ 在点 $P(x_0,y_0)$ 的某一邻域内恒能唯一确定一个连续且具有连续导数的函数 $y = f(x)$,它满足条件 $y_0 = f(x_0)$,并有

$$\frac{\mathrm{d}y}{\mathrm{d}x} = -\frac{F_x}{F_y}$$

隐函数存在定理 2 设函数 $F(x,y,z)$ 在点 $P(x_0,y_0,z_0)$ 的某一邻域内具有连续偏导数,且 $F(x_0,y_0,z_0)=0$,$F_z(x_0,y_0,z_0)\neq 0$,则方程 $F(x,y,z)=0$ 在点 (x_0,y_0,z_0) 的某一邻域内恒能唯一确定一个连续且具有连续偏导数的函数 $z = f(x,y)$,它满足条件 $z_0 = f(x_0,y_0)$,并有

$$\frac{\partial z}{\partial x} = -\frac{F_x}{F_z}, \quad \frac{\partial z}{\partial y} = -\frac{F_y}{F_z}$$

隐函数存在定理 3 设函数 $F(x,y,u,v)$、$G(x,y,u,v)$ 在点 $P(x_0,y_0,u_0,v_0)$ 的某一邻域内具有对各个变量的连续偏导数，又 $F(x_0,y_0,u_0,v_0)=0$，$G(x_0,y_0,u_0,v_0)=0$，且偏导数所组成的函数行列式（或称雅可比式）

$$J = \frac{\partial(F,G)}{\partial(u,v)} = \begin{vmatrix} \dfrac{\partial F}{\partial u} & \dfrac{\partial F}{\partial v} \\ \dfrac{\partial G}{\partial u} & \dfrac{\partial G}{\partial v} \end{vmatrix}$$

在点 $P(x_0,y_0,u_0,v_0)$ 不等于零，则方程组 $F(x,y,u,v)=0$，$G(x,y,u,v)=0$ 在点 (x_0,y_0,u_0,v_0) 的某一邻域内恒能唯一确定一组连续且具有连续偏导数的函数 $u=u(x,y)$，$v=v(x,y)$，它们满足条件 $u_0=u(x_0,y_0)$，$v_0=v(x_0,y_0)$，并有

$$\frac{\partial u}{\partial x} = -\frac{1}{J}\frac{\partial(F,G)}{\partial(x,v)} = -\frac{\begin{vmatrix} F_x & F_v \\ G_x & G_v \end{vmatrix}}{\begin{vmatrix} F_u & F_v \\ G_u & G_v \end{vmatrix}}$$

$$\frac{\partial v}{\partial x} = -\frac{1}{J}\frac{\partial(F,G)}{\partial(u,x)} = -\frac{\begin{vmatrix} F_u & F_x \\ G_u & G_x \end{vmatrix}}{\begin{vmatrix} F_u & F_v \\ G_u & G_v \end{vmatrix}}$$

$$\frac{\partial u}{\partial y} = -\frac{1}{J}\frac{\partial(F,G)}{\partial(y,v)} = -\frac{\begin{vmatrix} F_y & F_v \\ G_y & G_v \end{vmatrix}}{\begin{vmatrix} F_u & F_v \\ G_u & G_v \end{vmatrix}}$$

$$\frac{\partial v}{\partial y} = -\frac{1}{J}\frac{\partial(F,G)}{\partial(u,y)} = -\frac{\begin{vmatrix} F_u & F_y \\ G_u & G_y \end{vmatrix}}{\begin{vmatrix} F_u & F_v \\ G_u & G_v \end{vmatrix}}$$

9.7.1 隐函数求导在 MATLAB 中的实现

MATLAB 中无法直接进行隐函数的求导，需要通过已有的知识定义函数进行求解。下面的三个例子将分别应用三条隐函数存在定理。

例 9-8 $\sin y + e^x = xy^2$，求 $\dfrac{dy}{dx}$。

解：

可以利用定理 1，先将原等式化为 $\sin y + e^x - xy^2 = 0$ 的形式，左边即是 $F(x, y)$，然后就可以利用 MATLAB 求解：

```
syms x y
f = sin(y) + exp(x) - x * (y^2);
dfx = diff(f,x);
dfy = diff(f,y);
dfyx = - (dfx/dfy)
```

运行程序，得到如下结果：

$$\frac{dy}{dx} = -\frac{e^x - y^2}{\cos y - 2xy}$$

例 9-9 $x + 2y + z - 2\sqrt{xyz} = 0$，求 $\dfrac{\partial z}{\partial x}$ 和 $\dfrac{\partial z}{\partial y}$。

解：

```
syms x y z
f = x + 2 * y + z - 2 * sqrt(x * y * z);
dfx = diff(f,x);
dfy = diff(f,y);
dfz = diff(f,z);
dzx = - dfx/dfz
dzy = - dfy/dfz
```

运行程序，得到如下结果：

$$\frac{\partial z}{\partial x} = -\frac{\dfrac{yz}{\sqrt{xyz}} - 1}{\dfrac{xy}{\sqrt{xyz}} - 1}$$

$$\frac{\partial z}{\partial y} = -\frac{\dfrac{xz}{\sqrt{xyz}} - 2}{\dfrac{xy}{\sqrt{xyz}} - 1}$$

例 9-10 $xu - yv = 0, yu + xv = 1$，求 $\dfrac{\partial u}{\partial x}, \dfrac{\partial u}{\partial y}, \dfrac{\partial v}{\partial x}, \dfrac{\partial v}{\partial y}$。

解：

```
syms x y u v
f = x * u - y * v;
```

```
g = y * u + x * v - 1;
dfx = diff(f,x);
dfy = diff(f,y);
dfu = diff(f,u);
dfv = diff(f,v);
dgx = diff(g,x);
dgy = diff(g,y);
dgu = diff(g,u);
dgv = diff(g,v);
a = [dfu,dfv;dgu,dgv];
j = det(a);
b = [dfx dfv;dgx dgv];
c = [dfu dfx;dgu dgx];
d = [dfy dfv;dgy dgv];
e = [dfu dfy;dgu dgy];
dux = - det(b)/j
dvx = - det(c)/j
duy = - det(d)/j
dvy = - det(e)/j
```

运行程序,得到如下结果:

$$\frac{\partial u}{\partial x} = -\frac{ux + vy}{x^2 + y^2}$$

$$\frac{\partial v}{\partial x} = \frac{uy - vx}{x^2 + y^2}$$

$$\frac{\partial u}{\partial y} = -\frac{uy - vx}{x^2 + y^2}$$

$$\frac{\partial v}{\partial y} = -\frac{ux + vy}{x^2 + y^2}$$

9.7.2 隐函数作图

ezplot 指令可以用于一元隐函数作图,格式为:

```
ezplot(f,[xmin,xmax],[ymin,ymax])
```

例 9-11　作出 $\sin y + e^x = xy^2$ 的图形。

解：

```
syms x y
ezplot('sin(y) + exp(x) - x * (y^2)',[ - 5,5],[ - 5,5])
grid on
```

运行程序,得到如图 9-3 所示的结果。

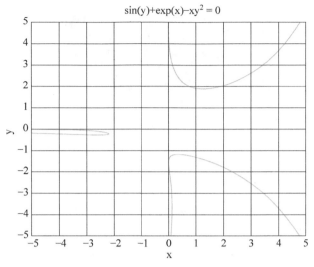

图 9-3 $\sin y + \mathrm{e}^x = xy^2$ 的图形

而二元的情形则更加复杂。首先要熟悉以下指令:

isoface(x,y,z,v,isovalue):等值面函数,通过该函数可以实现将二元隐函数以三元函数等值面的方式实现。

patch(fv):构造空间曲面,其中 fv 是一个含有表面和顶点的域,可以直接用 isoface 指令得到。

isonormals(x,y,z,v,p):将 patch 曲面的法线设置为计算得到的法线,使曲面光滑。

例 9-12 作出 $x^2 + y^2 + z^2 = 1$ 的图形。

解:

```
f = @(x,y,z) x.^2 + y.^2 + z.^2 - 1;
[x,y,z] = meshgrid( - 1:0.1:1, - 1:0.1:1, - 1:0.1:1);
v = f(x,y,z);
h = patch(isosurface(x,y,z,v,0));
isonormals(x,y,z,v,h)
set(h,'facecolor','y')
alpha(0.5)
view([1,1,1])
xlabel('x');
ylabel('y');
zlabel('z');
```

运行程序,得到如图 9-4 所示的结果。

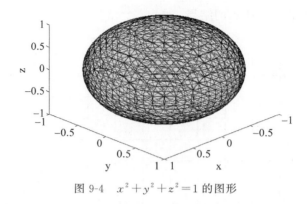

图 9-4　$x^2 + y^2 + z^2 = 1$ 的图形

9.8　多元函数微分学的几何应用

多元函数微分在几何学中有实际的意义，典型的就是二元函数。为了便于了解多元函数微积分在几何中的应用，先了解几个基本概念。

1. 一元向量值函数

设空间曲线 Γ 的参数方程为

$$\begin{cases} x = \varphi(t), \\ y = \psi(t), \quad t \in [\alpha, \beta] \\ z = \omega(t), \end{cases}$$

若记 $\boldsymbol{r} = x\boldsymbol{i} + y\boldsymbol{j} + z\boldsymbol{k}$，$\boldsymbol{f}(t) = \phi(t)\boldsymbol{i} + \psi(t)\boldsymbol{j} + \omega(t)\boldsymbol{k}$，则 Γ 方程可记为向量形式

$$\boldsymbol{r} = \boldsymbol{f}(t), \quad t \in [\alpha, \beta]$$

该方程所确定的映射为一元向量值函数，记为 $\boldsymbol{r} = \boldsymbol{f}(t), t \in D$。

2. 向量值函数的极限（导数）的计算规则

向量值函数的极限（导数）存在的充要条件是各分量极限（导数）存在，由于各个分量为一元函数，其极限（导数）求法已经在上册学习过了，这里不再赘述。

3. 向量值函数导向量的几何意义

设 M 为空间曲线 Γ 上一点，与一元函数的情形类似，导向量是向量值函数 $\boldsymbol{r} = \boldsymbol{f}(t)$ 在 M 点处的一个切向量，代表了 t 增大时 M 点的走向。

9.8.1　空间曲线的切线与法平面方程求法

切线的方向与导向量方向相同，而导向量的每一个分量为一元函数，这样只需知道某点

对应的 t_0 就可以简单地求出空间曲线的切线和法平面方程：

切线方程：$\dfrac{x-x_0}{\phi'(t_0)}=\dfrac{y-y_0}{\psi'(t_0)}=\dfrac{z-z_0}{\omega'(t_0)}$

法平面方程：$\phi'(t_0)(x-x_0)+\psi'(t_0)(y-y_0)+\omega'(t_0)(z-z_0)=0$

例 9-13 求曲线 $x=t,y=t^2,z=t^3$ 在点 $(1,1,1)$ 处的切线及法平面方程。

解：

该题中，$t_0=1$，则由公式很快得到对应的切线和法平面方程：

```
syms t
x = t;
y = t^2;
z = t^3;
dfx = diff(x,t);
dfy = diff(y,t);
dfz = diff(z,t);
subs(dfx,t,1)
subs(dfy,t,1)
subs(dfz,t,1)
```

运行程序，得到如下结果：

```
ans = 1
ans = 2
ans = 3
```

由此得到切线方程为

$$\frac{x-1}{1}=\frac{y-1}{2}=\frac{z-1}{3}$$

法平面方程为

$$(x-1)+2(y-1)+3(z-1)=0$$

9.8.2 空间曲面的切平面与法线方程求法

在这一节课本知识的学习中，得到了如下公式：

法向量：$\boldsymbol{n}=(F_x(x_0,y_0,z_0),F_y(x_0,y_0,z_0),F_z(x_0,y_0,z_0))$

法线方程：$\dfrac{x-x_0}{F_x(x_0,y_0,z_0)}=\dfrac{y-y_0}{F_y(x_0,y_0,z_0)}=\dfrac{z-z_0}{F_z(x_0,y_0,z_0)}$

切平面方程：$F_x(x_0,y_0,z_0)(x-x_0)+F_y(x_0,y_0,z_0)(y-y_0)+F_z(x_0,y_0,z_0)(z-z_0)=0$

因此求空间曲面的切平面与法线方程问题可转换为求偏导的问题。

例 9-14 求球面 $x^2+y^2+z^2=14$ 在点 $(1,2,3)$ 处的切平面。

解：

```
syms x y z
f = x^2 + y^2 + z^2 − 14;
dfx = diff(f,x);
dfy = diff(f,y);
dfz = diff(f,z);
subs(dfx,{x,y,z},{1,2,3})
subs(dfy,{x,y,z},{1,2,3})
subs(dfz,{x,y,z},{1,2,3})
```

运行程序，得到如下结果：

```
ans = 2
ans = 4
ans = 6
```

切平面方程为 $2(x-1)+4(y-2)+6(z-3)=0$。

使用 MATLAB 的 simplify 函数对多项式进行化简：

```
simplify(2 * (x−1) + 4 * (y−2) + 6 * (z−3))
```

输出结果：

```
ans = 2x + 4y + 6z − 28
```

因此切平面方程为 $2x+4y+6z-28=0$，即 $x+2y+3z-14=0$。

9.9　方向导数与梯度

先了解一下关于方向导数与梯度的基本概念。

1. 方向导数

方向导数反映了函数沿某个方向的变化率。有如下定理：

如果函数 $f(x,y)$ 在点 $P_0(x_0,y_0)$ 可微分，那么函数在该点沿任一方向 l 的方向导数存在，且有

$$\left.\frac{\partial f}{\partial l}\right|_{(x_0,y_0)}=f_x(x_0,y_0)\cos\alpha+f_y(x_0,y_0)\cos\beta$$

其中，$\cos\alpha$ 和 $\cos\beta$ 是方向 l 的方向余弦。

2. 梯度

与方向导数有关联的一个概念是函数的梯度。以二元函数为例，设函数 $f(x,y)$ 在平

面区域 D 内具有一阶连续偏导数,则对于每一点 $P_0(x_0, y_0) \in D$,都可定出一个向量

$$f_x(x_0, y_0)\boldsymbol{i} + f_y(x_0, y_0)\boldsymbol{j}$$

这个向量称为函数 $f(x, y)$ 在点 $P_0(x_0, y_0)$ 的梯度,记为 grad $f(x_0, y_0)$。

3. 方向导数与梯度的关系

如果函数 $f(x, y)$ 在点 $P_0(x_0, y_0)$ 可微分,$\boldsymbol{e}_l = (\cos\alpha, \cos\beta)$ 是与 l 同方向的单位向量,那么

$$\frac{\partial f}{\partial l}\bigg|_{(x_0, y_0)} = f_x(x_0, y_0)\cos\alpha + f_y(x_0, y_0)\cos\beta$$

$$= \text{grad } f(x_0, y_0) \cdot \boldsymbol{e}_l = |\text{grad } f(x_0, y_0)|\cos\theta$$

其中,$\theta = \langle \text{grad } f(x_0, y_0), \boldsymbol{e}_l \rangle$。

9.9.1　求方向导数

在 MATLAB 中求方向导数,可分解为求方向余弦、偏导的过程。

例 9-15　求 $z = x\mathrm{e}^{2y}$ 在点 $(1,0)$ 处沿点 $P(1,0)$ 到点 $Q(2,-1)$ 的方向的方向导数。

解:

```
syms x y
p = [1,0];
q = [2, -1];
l = sqrt(sum((q-p).^2));
cosx = (q(1) - p(1))/l;
cosy = (q(2) - p(2))/l;
z = x * (exp(2 * y));
dire = diff(z,x) * (cosx) + diff(z,y) * (cosy);
subs(dire,{x,y},{1,0})
```

运行程序,得到如下结果:

ans $= -\dfrac{\sqrt{2}}{2}$

9.9.2　求梯度

求梯度在 MATLAB 中可以直接使用 gradient 函数,ans 的第一行为 i 方向的量,第二行为 j 方向的量。

例 9-16　求 grad $\dfrac{1}{x^2 + y^2}$。

解：

```
syms x y
f = 1/(x^2 + y^2);
gradient(f)
```

运行程序，得到如下结果：

$$\text{ans} = \begin{pmatrix} -\dfrac{2x}{(x^2+y^2)^2} \\ -\dfrac{2y}{(x^2+y^2)^2} \end{pmatrix}$$

9.9.3　梯度与等值面

二元函数 $z = f(x, y)$ 在几何上表示一个曲面，这个曲面被平面 $z = c$ 截得一条平面曲线，其在 xOy 平面直角坐标系中的方程为 $f(x, y) = c$，称该曲线为 $z = f(x, y)$ 的等值线。

$f(x, y)$ 在点 (x_0, y_0) 的梯度方向就是等值线 $f(x, y) = c$ 在该点的法线方向 $\boldsymbol{n}$，梯度的模就是沿这个法线方向的方向导数，即：

$$\nabla f(x_0, y_0) = \frac{\partial f}{\partial n} \boldsymbol{n}$$

类似地，可以给出三元函数等值面的概念，这个所谓的"等值面"，实际上是三维欧氏空间上的一个曲面。

例 9-17　作出曲面 $x^2 + y^2 + z = 9$ 在点 $(1, 2, 4)$ 处的切平面。

解：

本题可以使用梯度函数 gradient 来求解：

```
f = @(x,y) - (x.^2 + y.^2);
[xx,yy] = meshgrid( - 5:0.1:5);
[dfx,dfy] = gradient(f(xx,yy),0.1);
x0 = 1;
y0 = 2;
t = (xx == x0)&(yy == y0);
indt = find(t);
dfx0 = dfx(indt);
dfy0 = dfy(indt);
z = @(x,y) f(x0,y0) + dfx0 * (x - x0) + dfy0 * (y - y0);
surf(xx,yy,f(xx,yy))
hold on
surf(xx,yy,z(xx,yy))
xlabel('x');
```

```
ylabel('y');
zlabel('z');
```

运行程序,得到如图 9-5 所示的切平面。

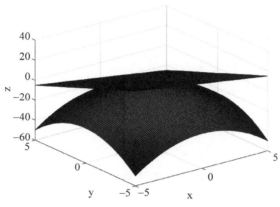

图 9-5 $x^2 + y^2 + z = 9$ 在点$(1,2,4)$处的切平面

9.10   多元函数的极值及其求法

多元函数求极值在工程和科学研究中有很重要的实际意义,因为很多最优决策问题都是多元最优化问题,也就是多元极值问题。在多元函数极值部分,一般关注的是极值和条件极值的求解。

9.10.1   求多元函数的极值

例 9-18   求 $f(x,y) = x^3 - y^3 + 3x^2 + 3y^2 - 9x$ 的极值。

解:

方法 1   理论解法(课本方法)

第一步,解方程组 $f_x(x,y) = 0$,$f_y(x,y) = 0$,解出驻点:

```
syms x y
f = x^3 − y^3 + 3 * (x^2) + 3 * (y^2) − 9 * x;
dfx = diff(f,x)
dfy = diff(f,y)
xx = solve(3 * x^2 + 6 * x − 9 == 0)
yy = solve(− 3 * y^2 + 6 * y == 0)
```

得到函数表达式和驻点坐标：

$$f_x(x,y)=3x^2+6x-9$$

$$f_y(x,y)=6y-3y^2$$

$$xx=\begin{pmatrix}-3\\1\end{pmatrix}$$

$$yy=\begin{pmatrix}0\\2\end{pmatrix}$$

第二步，求每个驻点的二阶偏导：

```
A = diff(f,x,2);
B = diff(diff(f,x),y);
C = diff(f,y,2);
```

第三步，定义 $AC-B^2$，将驻点代入判断正负：

```
D = A * C - B^2;
L1 = subs(subs(D,'x',xx(1)),'y',yy(1))
L2 = subs(subs(D,'x',xx(1)),'y',yy(2))
L3 = subs(subs(D,'x',xx(2)),'y',yy(1))
L4 = subs(subs(D,'x',xx(2)),'y',yy(2))
```

运行程序，得到如下结果：

```
L1 = -72
L2 = 72
L3 = 72
L4 = -72
```

这说明(-3,2)和(1,0)是极值点。

第四步，代回 f 求极值：

```
m1 = subs(subs(f,'x',xx(1)),'y',yy(2))
m2 = subs(subs(f,'x',xx(2)),'y',yy(1))
```

运行程序，得到如下结果：

```
m1 = 31
m2 = -5
```

方法 2 直接利用 fminsearch

fminsearch 指令可以寻找从某个初值开始的最小值，如果需要求最大值，只需将原函数取负即可。初值的选取在该指令中非常重要，最好通过作图等方式进行预先的估计。仍以上题为例,用 fminsearch 求出方法 1 中的 m2。

具体实现代码为:

```
syms x
fun = @(x) x(1)^3 - x(2)^3 + 3 * (x(1)^2) + 3 * (x(2)^2) - 9 * x(1);
x0 = [0,0];
x = fminsearch(fun, x0)
[x, fval] = fminsearch(fun, x0)
```

运行程序,得到如下结果:

```
x = [1.0000    0.0000]
fval = - 5.0000
```

这样就方便地得到了极值点(1,0)和极值 −5。

9.10.2 求条件极值

理论依据:拉格朗日乘数法

要找 $z = f(x,y)$ 在附加条件 $\phi(x,y) = 0$ 下的可能极值点,可以先作拉格朗日函数

$$L(x,y) = f(x,y) + \lambda \phi(x,y)$$

其中,λ 为参数。求其对 x 与 y 的一阶偏导数,并使之为 0,然后与原方程联立:

$$\begin{cases} f_x(x,y) + \lambda \phi_x(x,y) = 0 \\ f_y(x,y) + \lambda \phi_y(x,y) = 0 \\ \phi(x,y) = 0 \end{cases}$$

由这组方程解出 x、y 及 λ,这样得到的 (x,y) 就是 $z = f(x,y)$ 在附加条件 $\phi(x,y) = 0$ 下的可能极值点。此方法可以通过增加参数的个数求解自变量多于两个而条件多于一个的情形。

例 9-19 求函数 $u = xyz$ 在附加条件 $\dfrac{1}{x} + \dfrac{1}{y} + \dfrac{1}{z} = \dfrac{1}{a}$ 下的极值。

解:

第一步,定义函数,求偏导:

```
syms x y z a lamda
u = x * y * z;
f = 1/x + 1/y + 1/z - 1/a;
l = u + lamda * (f);
dlx = diff(l, x);
dly = diff(l, y);
dlz = diff(l, z);
```

第二步，方程求解：

```
[x0,y0,z0,lamda0] = solve(dlx,dly,dlz,f,x,y,z,lamda)
```

运行程序，得到如下结果：

x0 = 3a

y0 = 3a

z0 = 3a

lamda0 = 81a^4

第三步，求极值：

```
x0 * y0 * z0
```

运行程序，得到如下结果：

ans = 27a^3

9.11 二元函数的泰勒公式

二元函数的泰勒公式为：

设 $z=f(x,y)$ 在点 (x_0,y_0) 的某一邻域内连续且有 $(n+1)$ 阶连续偏导数，(x_0+h,y_0+k) 为此邻域内一点，则有

$$f(x_0+h,y_0+k)$$

$$=f(x_0,y_0)+\left(h\frac{\partial}{\partial x}+k\frac{\partial}{\partial y}\right)f(x_0,y_0)+$$

$$\frac{1}{2!}\left(h\frac{\partial}{\partial x}+k\frac{\partial}{\partial y}\right)^2 f(x_0,y_0)+\cdots+\frac{1}{n!}\left(h\frac{\partial}{\partial x}+k\frac{\partial}{\partial y}\right)^n f(x_0,y_0)+$$

$$\frac{1}{(n+1)!}\left(h\frac{\partial}{\partial x}+k\frac{\partial}{\partial y}\right)^{n+1} f(x_0+\theta h,y_0+\theta k)\quad(0<\theta<1)$$

其中，记号 $\left(h\dfrac{\partial}{\partial x}+k\dfrac{\partial}{\partial y}\right)^m f(x_0,y_0)$ 表示 $\displaystyle\sum_{p=0}^{m}C_m^p h^p k^{m-p}\dfrac{\partial^m f}{\partial x^p\partial y^{m-p}}\bigg|_{(x_0,y_0)}$。

可以看到，二元函数的泰勒公式展开在计算上是非常困难的，而在 MATLAB 中使用 taylor 指令，可以立刻得到展开项的结果。

例 9-20 求函数 $f(x,y)=\ln(1+x+y)$ 在点 $(0,0)$ 处的三阶泰勒公式。

解：

```
syms x y
f = log(1 + x + y);
```

```
F = taylor(f, [x, y], [0, 0], 'Order', 4);
simplify(F)
```

运行程序,得到如下结果:

$$\text{ans} = \frac{x^3}{3} + x^2 y - \frac{x^2}{2} + xy^2 - xy + x + \frac{y^3}{3} - \frac{y^2}{2} + y$$

因此完整的展开式是$\dfrac{x^3}{3} + x^2 y - \dfrac{x^2}{2} + xy^2 - xy + x + \dfrac{y^3}{3} - \dfrac{y^2}{2} + y + R_3$。

需要注意的是,taylor 指令后的最后一个数字应该是阶数＋1,MATLAB 中默认一次展开为函数本身。

9.12　最小二乘法

最小二乘法(Generalized Least Squares)是一种数学优化技术,它通过最小化误差的平方和找到一组数据的最佳函数匹配。最小二乘法是用最简的方法求得一些绝对不可知的真值,而令误差平方之和为最小。最小二乘法通常用于曲线拟合。很多其他的优化问题也可通过最小化能量或最大化熵用最小二乘形式表达。

比如从最简单的一次函数 $y = kx + b$ 讲起,已知坐标轴上有些点:$(1.1, 2.0)$,$(2.1,3.2)$,$(3, 4.0)$,$(4, 6)$,$(5.1, 6.0)$,求经过这些点的图形的一次函数关系式。当然这条直线不可能经过每一个点,只要使这 5 个点到这条直线的距离的平方和最小即可,这就需要用到最小二乘法的思想。

最小二乘法通常用于由一组实验或工程数据,得到这组数据的解析方程,是一种比较实用的方法。这里不再赘述最小二乘法的原理,直接看在 MATLAB 中如何实现由最小二乘法得到数据方程。

MATLAB 中,指令 polyfit 可以直接将散点拟合为多项式函数,其中[p,S]＝polyfit(x,y,n),n 为多项式的阶数,输出的 p 为多项式系数的降幂排列,S 中最后出现的 normr 值为均方偏差。

例 9-21　用直线拟合以下数据并求均方偏差:

x	0	1	2	3	4	5	6	7
y	27.0	26.8	26.5	26.3	26.1	25.7	25.3	24.8

解:

```
x = [0,1,2,3,4,5,6,7];
y = [27.0,26.8,26.5,26.3,26.1,25.7,25.3,24.8];
[p,S] = polyfit(x,y,1)
```

运行程序,得到如下结果:

p = [－0.3036　27.1250]

S =包含以下字段的 struct:

   R: [2×2 double]
  df: 6
normr: 0.3290

因此拟合的函数为 $y=-0.3036x+27.125$,均方偏差为 0.329。

例 9-22　选择适当的函数对以下数据加以拟合:

x	3	6	9	12	15	18	21	24
y	57.6	41.9	31.0	22.7	16.6	12.2	8.9	6.5

解:
首先通过散点图初步确定函数的类型:

```
x = [3,6,9,12,15,18,21,24];
y = [57.6,41.9,31.0,22.7,16.6,12.2,8.9,6.5];
plot(x,y,'linestyle','--','marker','*')
xlabel('x');
ylabel('y');
axis equal
```

运行程序,得到如图 9-6 所示的结果。

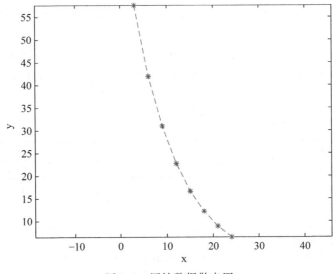

图 9-6　原始数据散点图

在散点图中,可以观察到 y 随 x 增长迅速,初步猜测 y 是关于 x 的指数函数,设其形式为 $y=k\mathrm{e}^{mx}$,其中 k 和 m 待定,为使其成为多项式的形式,两边取 $\ln$,得到

$$\ln y = mx + \ln k$$

即 $\ln y$ 是 x 的线性函数。

```
z = log(y);
[p,S] = polyfit(x,z,1)
```

运行程序,得到如下结果:

p = [− 0.1037   4.3640]

S = 包含以下字段的 struct:

     R: [2 × 2 double]
    df: 6
normr: 0.0095

这里的均方偏差很小,说明这个拟合是合理的。

最后,$k=\mathrm{e}^{4.364}=78.5708$,函数拟合为 $y=78.5708\mathrm{e}^{-0.1037x}$。

9.13　上机实践

1. 作出二元函数 $z=y^2+2x$ 的图形。

2. 求极限 $\lim\limits_{(x,y)\to(0,0)}\dfrac{xy}{\sqrt{x^2+y^2}}$。

3. 求 $z=x^2+3xy+y^2$ 在点 $(1,2)$ 的偏导数。

4. $f=\ln\sqrt{x^2+y^2}$,求 f_{xx}、f_{yx}。

5. 求 $z=x^2y+y^2$ 的全微分。

6. 设 $z=\mathrm{e}^u\sin v$,而 $u=xy$,$v=x+y$,求 $\dfrac{\partial z}{\partial x}$ 和 $\dfrac{\partial z}{\partial y}$。

7. 设 $x^2+y^2+z^2-4z=0$,求 $\dfrac{\partial z}{\partial x}$。

8. 作出 $\mathrm{e}^z-xyz=0$ 的图形。

9. 求曲线 $x=\dfrac{t}{1+t}$,$y=\dfrac{1+t}{t}$,$z=t^2$ 在 $t=1$ 处的切线及法平面方程。

10. 求 $z=x^2+y^2-1$ 在点 $(2,4,1)$ 处的切平面及法线方程。

11. 求 $z=x^2+y^2$ 在点 $(1,2)$ 处沿 $(1,2)$ 到 $(2,\sqrt{2+3})$ 的方向导数。

12. 求 $u=xy^2z$ 在点 $(1,-1,2)$ 处的梯度。

13. 求 $z=4(x-y)-x^2-y^2$ 的最大值。

14. 求函数 $f(x,y)=e^x\ln(1+y)$ 在点 $(0,0)$ 三阶泰勒公式的展开项。

15. 用最小二乘法拟合以下数据：

x	36.9	46.7	63.7	77.8	84.0	87.5
y	181	197	235	270	283	292

第10章 重积分

重积分针对多元函数,比较典型的是二重积分和三重积分。二重积分是二元函数在空间上的积分,同定积分类似,是某种特定形式的和的极限,本质是求曲顶柱体体积。重积分有着广泛的应用,可以用来计算曲面的面积、平面薄片重心等。三重积分的几何意义和物理意义是不均匀的空间物体的质量。知道重积分的这些意义,有助于理解重积分的概念和应用场景,也就能明确学习重积分的意义了。

10.1 本章目标

本章将用 MATLAB 实现以下操作:
(1) 二重积分的数值计算。
(2) 极坐标下二重积分的数值计算。
(3) 三重积分的数值计算。
(4) 柱面坐标系及球面坐标系下三重积分的数值计算。

10.2 相关命令

本章涉及的 MATLAB 命令如下。
(1) integral2:对二重积分进行数值计算。用法如下:
- q=integral2(fun,xmin,xmax,ymin,ymax):在平面区域 xmin≤x≤xmax 和 ymin(x)≤y≤ymax(x) 上逼近函数 z=fun(x,y) 的积分。
- q=integral2(fun,xmin,xmax,ymin,ymax,Name,Value):指定具有一个或多个 Name,Value 对组参数的其他选项。
(2) integral3:对三重积分进行数值计算。用法如下:
- q=integral3(fun,xmin,xmax,ymin,ymax,zmin,zmax):在区域 xmin≤x≤xmax、ymin(x)≤y≤ymax(x) 和 zmin(x,y)≤z≤zmax(x,y) 逼近函数 z=fun(x,y,z) 的积分。

- q＝integral3(fun,xmin,xmax,ymin,ymax,zmin,zmax,Name,Value)：指定具有一个或多个 Name,Value 对组参数的其他选项。

10.3　二重积分的计算

设函数 $f(x,y)$ 是有界闭区域 D 上的有界函数。将闭区域 D 任意分成 n 个小闭区域 $\Delta\sigma_1,\Delta\sigma_2,\cdots,\Delta\sigma_n$，其中 $\Delta\sigma_i$ 表示第 i 个小闭区域。在每个 $\Delta\sigma_i$ 上任取一点(ξ_i,η_i)，作乘积 $f(\xi_i,\eta_i)\Delta\sigma_i(i=1,2,\cdots,n)$，并作和 $\sum_{i=1}^{n}f(\xi_i,\eta_i)\Delta\sigma_i$，如果当各小闭区域的直径中的最大值 λ 趋于零时，这个和的极限总存在，那么称此极限为函数 $f(x,y)$ 在闭区域 D 上的**二重积分**，记作 $\iint\limits_{D}f(x,y)\mathrm{d}\sigma$，即

$$\iint\limits_{D}f(x,y)\mathrm{d}\sigma=\lim_{\lambda\to 0}\sum_{i=1}^{n}f(\xi_i,\eta_i)\Delta\sigma_i$$

其中，$f(x,y)$ 叫作**被积函数**，$f(x,y)\mathrm{d}\sigma$ 叫作**被积表达式**，$\mathrm{d}\sigma$ 叫作**面积元素**，x 与 y 叫作**积分变量**，D 叫作积分区域，$\sum_{i=1}^{n}f(\xi_i,\eta_i)\Delta\sigma_i$ 叫作**积分和**。

在二重积分的定义中对闭区域 D 的划分是任意的，如果在直角坐标系中用平行于坐标轴的直线网来划分 D，那么除了包含边界点的一些小闭区域外，其余的小闭区域都是矩形闭区域。设矩形区域 $\Delta\sigma_i$ 的边长为 Δx_j 和 Δy_k，则 $\Delta\sigma_i=\Delta x_j\cdot\Delta y_k$。因此在直角坐标系中，有时也把面积元素 $\mathrm{d}\sigma$ 记作 $\mathrm{d}x\mathrm{d}y$，而把二重积分记作

$$\iint\limits_{D}f(x,y)\mathrm{d}x\mathrm{d}y$$

其中，$\mathrm{d}x\mathrm{d}y$ 叫作直角坐标系中的**面积元素**。

根据上面二重积分直角坐标系中的定义，可以编写近似的用定义方法求解的 MATLAB 函数，具体方法是先获取积分区域 D 在 x 和 y 方向上的最大值、最小值，从而将积分区域扩展成矩形区域$[a,b]\times[c,d]$，判断区域 D 在矩形区域$[a,b]\times[c,d]$中的部分，通过上述二重积分定义式求解。按照定义来计算二重积分对于少部分简单的积分区域和被积函数来说是可行的，因为使用情况较少，具体的计算方法函数代码就不在此呈现。在 MATLAB 中有专门的函数来更方便地实现二重积分。

10.3.1　二重积分的数值计算

首先考虑特殊的矩形区域的二重积分。
计算下面的二重积分问题

$$\int_a^b\int_c^d f(x,y)\mathrm{d}x\mathrm{d}y$$

矩形区域的二重积分的数值解可以直接使用 MATLAB 提供的 integral2() 函数直接求出。可以通过以下命令调出 integral2() 函数的代码了解具体的计算方法：

```
edit(which('integral2.m'))
```

这里更关注如何使用该函数来实现二重积分的求解。

例 10-1　试求出二重积分

$$I = \int_{-1}^{1} \int_{-2}^{2} e^{-\frac{x^2}{2}} \sin(x^2 + y) \, dx \, dy$$

解：

```
f = @(x,y)exp(-x.^2/2.*sin(x.^2+y));
y = integral2(f,-2,2,-1,1)
```

运行程序，得到如下结果：

```
y = 8.1235
```

同时可知，integral2() 也可以用于非矩形区域二重积分的计算。

例 10-2　计算函数 $f(x,y) = \dfrac{1}{\sqrt{x+y}(1+x+y)^2}$ 在 $0 \leqslant x \leqslant 1, 0 \leqslant y \leqslant 1-x$ 所围成的区域上的积分。

解：

创建匿名函数：

```
fun = @(x,y) 1./( sqrt(x + y) .* (1 + x + y).^2 );
```

对 $0 \leqslant x \leqslant 1, 0 \leqslant y \leqslant 1-x$ 限定的三角形区域计算积分：

```
ymax = @(x) 1 - x;
q = integral2(fun,0,1,0,ymax)
```

运行程序，得到如下结果：

```
q = 0.2854
```

10.3.2　直角坐标计算

为了解决更一般的重积分计算问题，接下来使用 int 函数，将二重积分化为二次积分来计算。依据高等数学中的知识有等式

$$\iint\limits_{D} f(x,y)\mathrm{d}\sigma = \int_{a}^{b} \left[\int_{\varphi_1(x)}^{\varphi_2(x)} f(x,y)\mathrm{d}y \right] \mathrm{d}x$$

上式右端的积分是先对 y、后对 x 的二次积分，也常记作

$$\int_{a}^{b} \mathrm{d}x \int_{\varphi_1(x)}^{\varphi_2(x)} f(x,y)\mathrm{d}y$$

这就是把二重积分化为先对 y、后对 x 的二次积分的公式。这样的积分区域是 **X 型** 的，可用 $\varphi_1(x) \leqslant y \leqslant \varphi_2(x)$，$a \leqslant x \leqslant b$ 表示。若积分区域是 **Y 型** 的则用公式

$$\iint\limits_{D} f(x,y)\mathrm{d}\sigma = \int_{c}^{d} \mathrm{d}y \int_{\psi_1(y)}^{\psi_2(y)} f(x,y)\mathrm{d}x$$

来计算。如果积分区域既是 X 型的又是 Y 型的，则两个不同次序的二次积分相等。

将二重积分化为二次积分时，确定积分限是一个关键。积分限是根据积分区域 D 来确定的，先画出积分区域 D 的图形。假如积分区域是 X 型的，在区间 $[a,b]$ 上任意取定一个 x 值，积分区域上以这个 x 值为横坐标的点在一段直线上，这段直线平行于 y 轴，该线段上点的纵坐标就是先把 x 看作常量而对 y 积分时的下限和上限。再把 x 看作变量而对 x 积分时，积分区间就是 $[a,b]$。

例 10-3 计算 $\iint\limits_{D} xy\mathrm{d}\sigma$，其中 D 是由直线 $y=1$、$x=2$ 及 $y=x$ 所围成的闭区域。

解：

第一步，绘制积分区域：

```
y1 = 1;
fplot(y1);
hold on;
y2 = @(x)x;
fplot(y2);
hold on;
fimplicit(@(x,y) x - 2);
fill([1,2,2,1],[1,2,1,1],'r');
xlabel('x');
ylabel('y');
```

运行程序，得到如图 10-1 所示的积分区域。

第二步，确定积分上、下限：

```
fun = @(x)x - 1;
A = fzero(fun,0);
B = 2;
```

第三步，计算积分值：

```
syms x y
I = int(int(x * y,y,y1,y2),x,A,B)
```

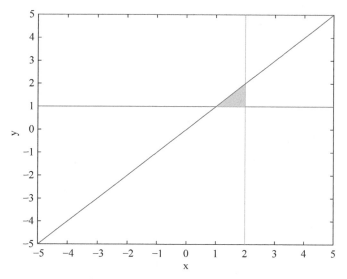

图 10-1　由直线 $y=1$、$x=2$ 及 $y=x$ 所围成的积分区域

运行程序,得到如下结果:

$$I = \frac{9}{8}$$

在化二重积分为二次积分时,为了计算方便,需要选择恰当的二次积分的顺序。这时既要考虑积分区域的形状,又要考虑被积函数的特性。

例 10-4　计算 $\iint\limits_{D} xy\,d\sigma$,其中 D 是由抛物线 $y^2=x$ 及直线 $y=x-2$ 所围成的闭区域。

解:

第一步,绘制积分区域:

```
syms x y;
fimplicit(y - x + 2);
hold on;
fimplicit(y^2 - x);
xlabel('x');
ylabel('y');
```

运行程序,得到如图 10-2 所示的积分区域。

D 既是 X 型的又是 Y 型的。若利用 X 型的公式计算,则由于在区间 $[0,1]$ 及 $[1,4]$ 上表示 $\varphi_1(x)$ 的式子不同,所以要用经过交点 $(1,-1)$ 且平行于 y 轴的直线 $x=1$ 把区域 D 分成 D_1 和 D_2 两部分,其中

$$D_1 = \left\{(x,y)\,\middle|\, -\sqrt{x} \leqslant y \leqslant \sqrt{x}, 0 \leqslant x \leqslant 1\right\}$$
$$D_2 = \left\{(x,y)\,\middle|\, x-2 \leqslant y \leqslant \sqrt{x}, 1 \leqslant x \leqslant 4\right\}$$

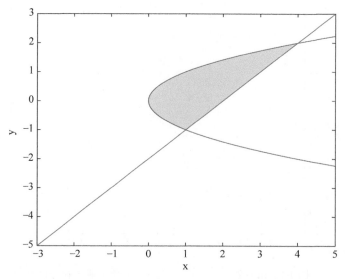

图 10-2　由抛物线 $y^2 = x$ 及直线 $y = x - 2$ 所围成的积分区域

而如果 D 是 Y 型的，不用将区域分成两部分计算，是较为简便的。

第二步，确定积分上、下限：

```
A = double(solve((x - 2)^2 - x, 0));
```

第三步，计算积分值：

```
y2 = @(x)x - 2;
x1 = @(y)y^2;
x2 = @(y)y + 2;
I = int(int(x * y, x, x1, x2), y, y2(A(1)), y2(A(2)))
```

运行程序，得到如下结果：

$$I = \frac{45}{8}$$

10.3.3　极坐标计算

当二重积分的积分区域 D 的边界曲线用极坐标方程来表示比较方便，且某些被积函数用极坐标变量 ρ、θ 表达比较简单时，就可以考虑用极坐标来计算二重积分 $\iint\limits_{D} f(x, y)\mathrm{d}\sigma$。

$$\iint\limits_{D} f(x, y)\mathrm{d}\sigma = \iint\limits_{D} f(\rho\cos\theta, \rho\sin\theta)\rho\mathrm{d}\rho\mathrm{d}\theta$$

上式就是二重积分的变量从直角坐标变换为极坐标的变换公式,其中 $\rho\mathrm{d}\rho\mathrm{d}\theta$ 就是极坐标系中的面积元素。

极坐标系中的二重积分,同样可以化为二次积分来计算。设积分区域 D 可以用不等式

$$\varphi_1(x)\leqslant\rho\leqslant\varphi_2(x),\quad \alpha\leqslant\theta\leqslant\beta$$

来表示,其中函数 $\varphi_1(\theta)$、$\varphi_1(\theta)\leqslant\rho\leqslant\varphi_2(\theta)$ 在区间 $[\alpha,\beta]$ 上连续。极坐标系中的二重积分化为二次积分的公式为

$$\iint_D f(\rho\cos\theta,\rho\sin\theta)\rho\mathrm{d}\rho\mathrm{d}\theta=\int_\alpha^\beta\mathrm{d}\theta\int_{\varphi_1(\theta)}^{\varphi_2(\theta)}f(\rho\cos\theta,\rho\sin\theta)\rho\mathrm{d}\rho$$

例 10-5　计算 $\iint_D \mathrm{e}^{-x^2-y^2}\mathrm{d}x\,\mathrm{d}y$,其中 D 是由圆心在原点、半径为 a 的圆周所围成的闭区域。

解:

本题如果用直角坐标计算,因为积分 $\int \mathrm{e}^{-x^2}\mathrm{d}x$ 不能用初等函数表示,所以不容易计算。如果利用极坐标计算,区域 D 可表示为 $0\leqslant\rho\leqslant a,0\leqslant\theta\leqslant 2\pi$,且比较利于积分的计算,具体实现代码为:

```
syms rho theta a;
x = rho * cos(theta);
y = rho * sin(theta);
f = exp( - x^2 - y^2);
I = int(int(f * rho,rho,0,a),theta,0,2 * pi)
```

运行程序,得到如下结果:

```
I = - π(e^- a^2 - 1)
```

10.3.4　二重积分换元法

将二重积分的变量从直角坐标变换为极坐标是二重积分换元法的一种特殊情形。把平面上的点同时用直角坐标 (x,y)、极坐标 (ρ,θ) 表示,它们之间的关系是

$$\begin{cases}x=\rho\cos\theta\\y=\rho\sin\theta\end{cases}$$

也可以看成建立了 $\rho O\theta$ 平面和 xOy 平面上的一一对应关系。

一般的二重积分换元法有如下定理:设 $f(x,y)$ 在 xOy 平面上的闭区域 D 上连续,若变换

$$T: x=x(u,v), y=y(u,v)$$

将 uOv 平面上的闭区域 D' 变为 xOy 平面上的 D,且满足

（1）$x(u,v),y(u,v)$在D'上具有一阶连续偏导数。

（2）在D'上雅可比式

$$J(u,v)=\frac{\partial(x,y)}{\partial(u,v)}\neq 0$$

（3）变换$T:D'\rightarrow D$是一对一的，则有

$$\iint\limits_{D}f(x,y)\mathrm{d}x\mathrm{d}y=\iint\limits_{D'}f[x(u,v),y(u,v)]\,|J(u,v)|\mathrm{d}u\mathrm{d}v$$

该公式称为二重积分的**换元公式**。

例10-6　计算$\iint\limits_{D}\mathrm{e}^{\frac{y-x}{y+x}}\mathrm{d}x\mathrm{d}y$，其中$D$是由$x$轴、$y$轴和直线$x+y=2$所围成的闭区域。

解：

令$u=y-x,v=y+x$，则$x=\dfrac{v-u}{2},y=\dfrac{v+u}{2}$。

作变换$x=\dfrac{v-u}{2},y=\dfrac{v+u}{2}$，绘制$xOy$平面上的闭区域$D$和$uOv$平面上的对应区域$D'$。

第一步，绘制积分区域：

```
syms x y u v;
U = y - x;
V = y + x;
S = solve(u - U, v - V, x, y);
subplot 121;
ezplot(x + y - 2, [-1, 3]);
hold on;
plot([0, 0, 3], [3, 0, 0]);
fill([0, 0, 2, 0], [2, 0, 0, 2], 'r');
axis equal tight;
title('原积分区域图');
subplot 122;
ezplot(S.x, [-2, 2]);
hold on;
ezplot(S.y, [-2, 2]);
v1 = solve(S.x + S.y - 2, v);
ezplot(v1, [-2, 2]);
fill([0, 2, -2, 0], [0, 2, 2, 0], 'r');
axis equal tight;
title('变换后的积分区域图');
```

运行程序，得到如图10-3所示的积分区域。

第二步，根据变换后的积分区域计算二重积分：

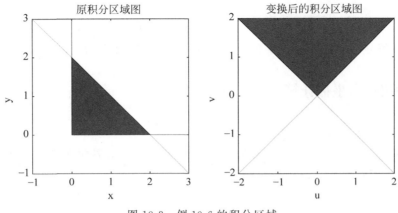

图 10-3 例 10-6 的积分区域

```
f = exp((y − x)/(y + x));
f = subs(f,{x,y},{S.x,S.y});
J = det(jacobian([S.x;S.y],[u,v]));
I = int(int(f * abs(J),u, − v,v),v,0,2)
```

运行程序,得到如下结果:

```
I = e−e⁻¹
```

10.4   三重积分

设 $f(x,y,z)$ 是空间有界闭区域 Ω 上的有界函数。将 Ω 任意分成 n 个小闭区域

$$\Delta v_1, \Delta v_2, \cdots, \Delta v_n$$

其中,Δv_i 表示第 i 个小闭区域,也表示它的体积。在每个 Δv_i 上任取一点 (ξ_i, η_i, ζ_i),作乘积 $f(\xi_i, \eta_i, \zeta_i)\Delta v_i (i=1,2,\cdots,n)$,并作和 $\sum_{i=1}^{n} f(\xi_i, \eta_i, \zeta_i)\Delta v_i$,如果当各小闭区域直径中的最大值 $\lambda \to 0$ 时,这个和的极限总存在,且与闭区域 Ω 的分法及点 (ξ_i, η_i, ζ_i) 的取法无关,那么称此极限为函数 $f(x,y,z)$ 在闭区域 Ω 上的**三重积分**,记作 $\iiint\limits_{\Omega} f(x,y,z)\mathrm{d}v$,即

$$\iiint\limits_{\Omega} f(x,y,z)\mathrm{d}v = \lim_{\lambda \to 0} \sum_{i=1}^{n} f(\xi_i, \eta_i, \zeta_i)\Delta v_i$$

其中,$f(x,y,z)$ 叫作**被积函数**,$\mathrm{d}v$ 叫作**体积元素**,Ω 叫作积分区域。

在直角坐标系中,有时也把体积元素 $\mathrm{d}v$ 记作 $\mathrm{d}x\mathrm{d}y\mathrm{d}z$,而把三重积分记作

$$\iiint\limits_{\Omega} f(x,y,z)\mathrm{d}x\mathrm{d}y\mathrm{d}z$$

其中,$\mathrm{d}x\mathrm{d}y\mathrm{d}z$ 叫作直角坐标系中的**体积元素**。

当函数 $f(x,y,z)$ 在闭区域连续时，$\lim\limits_{\lambda \to 0}\sum\limits_{i=1}^{n} f(\xi_i, \eta_i, \zeta_i)\Delta v_i$ 必存在，也就是函数在闭区域上的三重积分必定存在。三重积分的性质与二重积分的性质相似。

10.4.1 利用直角坐标计算三重积分

下面介绍利用直角坐标计算三重积分。

若平行于 z 轴且穿过闭区域内部的直线与闭区域 Ω 的边界曲面 S 相交不多于两点，可以把 Ω 投影到 xOy 面上。设积分区域可以表示为

$$\Omega = \{(x,y,z) \mid z_1(x,y) \leqslant z \leqslant z_2(x,y), (x,y) \in D_{xy}\}$$

先将 x、y 看作定值，将 $f(x,y,z)$ 只看作 z 的函数，在区间 $[z_1(x,y), z_2(x,y)]$ 上对 z 积分，积分的结果是 x、y 的函数，记为 $F(x,y)$，即

$$F(x,y) = \int_{z_1(x,y)}^{z_2(x,y)} f(x,y,z)\mathrm{d}z$$

然后计算 $F(x,y)$ 在闭区域 D_{xy} 上的二重积分

$$\iint\limits_{D_{xy}} F(x,y)\mathrm{d}\sigma = \iint\limits_{D_{xy}} \left[\int_{z_1(x,y)}^{z_2(x,y)} f(x,y,z)\mathrm{d}z\right]\mathrm{d}\sigma$$

设闭区域

$$D_{xy} = \{(x,y) \mid y_1(x) \leqslant y \leqslant y_2(x), a \leqslant x \leqslant b\}$$

把这个二重积分化为二次积分，于是有三重积分的计算公式

$$\iiint\limits_{\Omega} f(x,y,z)\mathrm{d}v = \int_a^b \mathrm{d}x \int_{y_1(x)}^{y_2(x)} \mathrm{d}y \int_{z_1(x,y)}^{z_2(x,y)} f(x,y,z)\mathrm{d}z$$

此公式把三重积分化为先对 z、次对 y、最后对 x 的三次积分。其他积分次序的公式也类似。

例 10-7 计算 $\iiint\limits_{\Omega} x\,\mathrm{d}x\,\mathrm{d}y\,\mathrm{d}z$，其中 Ω 为三个坐标面及平面 $x+2y+z=1$ 所围成的闭区域。

解：

第一步，绘制积分区域：

```
[X,Y] = meshgrid(linspace(0,1,30));
mesh(X,Y,1 - X - 2 * Y);
hold on;
mesh(X,Y,zeros(size(X)));
mesh(X,Y,zeros(size(Y)));
hidden off;
view([60,10]);
xlabel('x');
```

```
ylabel('y');
zlabel('z');
```

运行程序,得到如图 10-4 所示的积分区域。

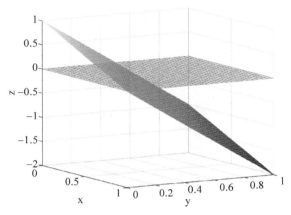

图 10-4 例 10-7 的三重积分区域

第二步,计算三重积分:

```
syms x y z;
I = int(int(int(x, z, 0, 1 − x − 2 * y), y, 0, (1/2) * (1 − x)), x, 0, 1)
```

运行程序,得到如下结果:

$$I = \frac{1}{48}$$

例 10-8　计算三重积分 $\iiint\limits_{\Omega} y\sqrt{1-x^2}\,\mathrm{d}x\,\mathrm{d}y\,\mathrm{d}z$,其中 Ω 由曲面 $y = -\sqrt{1-x^2-z^2}$、$x^2 + z^2 = 1$ 和平面 $y = 1$ 围成。

解:

第一步,绘制积分区域:

```
[theta, rho] = meshgrid(linspace(0, 2 * pi), linspace(0, 1 − eps));
[X, Z] = pol2cart(theta, rho);
surf(X, − sqrt(1 − X.^2 − Z.^2), Z);
hold on;
[X1, Y1, Z1] = cylinder(ones(1, 20), 40);
surf(X1, Z1, Y1);
surf(X, ones(size(X)), Z);
shading flat;
view([ − 100, 30]);
```

```
axis equal;
xlabel('x');
ylabel('y');
zlabel('z');
```

运行程序，得到如图 10-5 所示的积分区域。

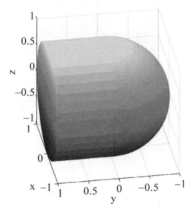

图 10-5 例 10-8 中的积分区域

容易看出，此处积分区域按 y、z、x 的次序三次积分。

第二步，计算三重积分：

```
syms x y z;
I = int(int(int(y * sqrt(1-x^2),y, - sqrt(1-x^2 - z^2),1),z, - sqrt(1-x^2),sqrt(1 - x^2)),
x, - 1,1)
```

运行程序，得到如下结果：

```
I = 28
    45
```

10.4.2 利用柱面坐标计算三重积分

如图 10-6 所示，设 $M(x,y,z)$ 为空间内一点，并设点 M 在 xOy 面上的投影 P 的极坐标为 ρ、θ，则这样的三个数 ρ、θ、z 就叫作点 M 的柱面坐标，这里规定 ρ、θ、z 的变化范围为

$$0 \leqslant \rho < +\infty$$
$$0 \leqslant \theta \leqslant 2\pi$$
$$-\infty < z < +\infty$$

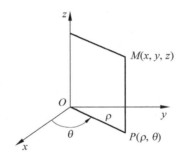

图 10-6　点 M 及其投影 P 在空间中的位置关系示意图

三组坐标面分别为：

$\rho=$ 常数，即以 z 轴为轴的圆柱面；

$\theta=$ 常数，即过 z 轴的半平面；

$z=$ 常数，即与 xOy 面平行的平面。

转换关系为

$$\begin{cases} x=\rho\cos\theta \\ y=\rho\sin\theta \\ z=z \end{cases}$$

能够得到柱面坐标系中的体积元素为

$$\mathrm{d}v=\rho\mathrm{d}\rho\mathrm{d}\theta\mathrm{d}z$$

把三重积分的变量从直角坐标变换为柱面坐标的公式

$$\iiint\limits_{\Omega}f(x,y,z)\mathrm{d}x\mathrm{d}y\mathrm{d}z=\iiint\limits_{\Omega}F(\rho,\theta,z)\rho\mathrm{d}\rho\mathrm{d}\theta\mathrm{d}z$$

其中，$F(\rho,\theta,z)=f(\rho\cos\theta,\rho\sin\theta,z)$。

转换为柱面坐标系后的三重积分可以根据 ρ、θ、z 在积分区域中的变化范围确定化为三次积分的先后顺序。

例 10-9　利用柱面坐标计算三重积分 $\iiint\limits_{\Omega}z\mathrm{d}x\mathrm{d}y\mathrm{d}z$，其中 Ω 是由曲面 $z=x^2+y^2$ 与平面 $z=4$ 所围成的闭区域。

解：

把闭区域投影到 xOy 面上，得半径为 2 的圆形闭区域

$$D_{xy}=\{(\rho,\theta)\,|\,0\leqslant\rho\leqslant2,0\leqslant\theta\leqslant2\pi\}$$

在 D_{xy} 内任取一点 (ρ,θ)，过此点作平行于 z 轴的直线，此直线通过曲面 $z=x^2+y^2$ 穿入闭区域内，然后通过平面 $z=4$ 穿出 Ω 外。因此闭区域 Ω 可用不等式

$$\rho^2\leqslant z\leqslant4,\ 0\leqslant\rho\leqslant2,\ 0\leqslant\theta\leqslant2\pi$$

来表示。

于是编写程序计算：

```
syms rho theta z a
x = rho * cos(theta);
y = rho * sin(theta);
f = z * sqrt(x^2 + y^2);
I = int(int(int(z,z,rho^2,4) * rho,rho,0,2),theta,0,2 * pi)
```

运行程序，得到如下结果：

$$I = \frac{64\pi}{3}$$

10.4.3　利用球面坐标计算三重积分

如图 10-7 所示，设 $M(x,y,z)$ 为空间内的一点，则点 M 也可以用 r、φ、θ 来确定，其中 r 为原点 O 与点 M 之间的距离，φ 为有向线段 $\overrightarrow{OM}$ 与 z 轴正向所夹的角，θ 为从正 z 轴来看自 x 轴按逆时针方向转到有向线段 $\overrightarrow{OP}$ 的角，这里点 P 为点 M 在 xOy 面上的投影。

r，φ，θ 叫作点 M 的球面坐标，变化范围是：

$$0 \leqslant r < +\infty$$
$$0 \leqslant \varphi \leqslant \pi$$
$$0 \leqslant \theta \leqslant 2\pi$$

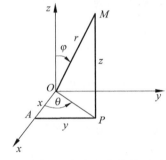

图 10-7　点 M 在空间中的位置示意图

三组坐标面分别为：

r＝常数，即以原点为心得到球面；

φ＝常数，即以原点为顶点、z 轴为轴的圆锥面；

θ＝常数，即过 z 轴的半平面。

直角坐标与球面坐标的关系为：

$$\begin{cases} x = r\sin\varphi\cos\theta \\ y = r\sin\varphi\sin\theta \\ z = r\cos\varphi \end{cases}$$

球面坐标系中的体积元素：

$$\mathrm{d}v = r^2 \sin\varphi \mathrm{d}r \mathrm{d}\varphi \mathrm{d}\theta$$

有关系式

$$\iiint\limits_{\Omega} f(x,y,z)\mathrm{d}v = \iiint\limits_{\Omega} F(r,\varphi,\theta)r^2 \sin\varphi \mathrm{d}r \mathrm{d}\varphi \mathrm{d}\theta$$

其中，$F(r,\varphi,\theta) = f(r\sin\varphi\cos\theta, r\sin\varphi\sin\theta, r\cos\varphi)$。这就是把三重积分的变量从直角坐标

变换为球面坐标的公式。

例 10-10 求半径为 a 的球面与半顶角为 α 的内接锥面所围成的几何体（如图 10-8 所示）的体积。

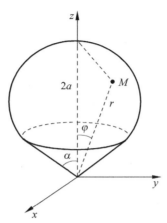

图 10-8 球面与内接锥面所围成的几何体示意图

解：

```
syms rho theta phi a alpha;
x = rho * sin(phi) * cos(theta);
y = rho * sin(phi) * sin(theta);
z = rho * cos(phi);
I = int(int(int(rho^2 * sin(phi),rho,0,2 * a * cos(phi)),phi,0,alpha),theta,0,2 * pi)
```

运行程序，得到如下结果：

$$I = -2\pi a^3 \left(\frac{2\cos^4 a}{3} - \frac{2}{3} \right)$$

10.5 拓展内容

利用重积分计算几何图形面积或体积的例子比较多，以下将补充一些重积分应用的案例。

10.5.1 重积分补充案例

例 10-11 计算曲线 $f = x^2$ 与直线 $g = 3x$ 所围成区域的面积。

解：

```
syms x y
f = x^2; g = 3 * x;
```

```
figure
fplot(f, [0 3], 'LineWidth', 2); grid on; hold on
fplot(g, [0 3], 'LineWidth', 2)
xlabel('x');
ylabel('y');
axis([0 3 0 9]); xticks(0:3); yticks(0:3:9)
```

运行程序,得到如图 10-9 所示的积分区域。

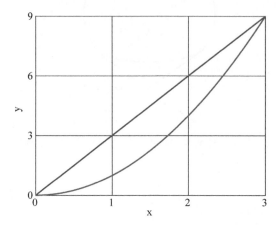

图 10-9 曲线 $f = x^2$ 与直线 $g = 3x$ 所围成的区域

```
I1 = int(int(x * y, y, x^2, 3 * x), x, 0, 3)
```

$$I1 = \frac{243}{8}$$

```
I1_appx = double(I1)
```

I1_appx $= 30.3750$

```
I2 = int(int(x * y, x, y/3, sqrt(y)), y, 0, 9)
```

$$I2 = \frac{243}{8}$$

```
I2_appx = double(I2)
```

I2_appx $= 30.3750$

例 10-12 计算四分之一圆盘的积分。

解：

```
syms x y
figure
t = linspace(0,pi/2); xt = cos(t); yt = sin(t);
X = [0 xt 0]; Y = [0 yt 0];
fill(X, Y, 'y'); grid on ; hold on
plot(X, Y, 'LineWidth', 2)
plot([ - 0.5 1.5], [0 0], 'k')
plot([0 0], [ - 0.5 1.5], 'k')
xlabel('x');
ylabel('y');
xticks(0:1); yticks(0:1)
axis equal;
axis([ - 0.5 1.5 - 0.5 1.5])
```

运行程序，得到如图 10-10 所示的积分区域。

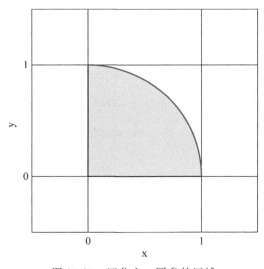

图 10-10   四分之一圆盘的区域

```
I = int(int(x * y, y, 0, sqrt(1 - x^2)), x, 0, 1)
```

$$I = \frac{1}{8}$$

```
I_appx = double(I)
```

I_appx = 0.1250

例 10-13 计算以 $y=x^2$、$z=3y$、$z=2+y$ 三面为界的固体的体积。

解：

```
syms x y z
f(x) = x^2;
 % 这是两个平面,它们的交点是 r(x)
plane1 = z == 3 * y;
plane2 = z == 2 + y;
L = solve([plane1 plane2], [y z]);
r(x) = [x L.y L.z];                    % 将这条直线投影到 xOy 平面上:y = 1, x 自由
x_bounds = solve(x^2 == 1, x);         % y_bounds: x^2 <= y <= 1.注意这里的 y 是非负的,且
                                       % 0 <= y <= 1

 % 注意平面 2 在平面 1 之上
V = int(int(2 + y − 3 * y, y, x^2, 1), x, −1, 1)
```

$$V = \frac{16}{15}$$

```
V_appx = double(V)
```

$V\_appx = 1.0667$

```
figure
fsurf(x, y, 2 + y, [−1 1 − 0.25 1.25], 'r', 'MeshDensity', 10); hold on   % 平面 z = 2 + y 以上
fsurf(x, y, 3 * y, [−1 1 − 0.25 1.25], 'g', 'MeshDensity', 10)            % 平面 z = 3 * y 以下
fsurf(x, x^2, z, [−1.25 1.25 − 1 4], 'y', 'MeshDensity', 16)              % 侧面为抛物柱面
xlabel('x');
ylabel('y');
zlabel('z');
```

运行程序,得到如图 10-11 所示的几何体。

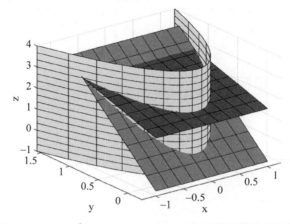

图 10-11　$y=x^2$、$z=3y$、$z=2+y$ 三个面所围成的几何体

```
figure
xs = linspace( −1,1); ys = xs.^2;
X = [xs xs(1)]; Y = [ys ys(1)];
fill(X,Y,'y'); grid on; hold on
plot(X,Y,'b', 'LineWidth', 2)
plot([ −1 1], [0 0], 'k')
plot([0 0], [ −0.5 1.5], 'k')
axis equal; axis([ −1 1 −0.5 1.5])
xlabel('x');
ylabel('y');
xticks( −1:1); yticks(0:1)
```

运行程序,得到如图 10-12 所示的二维积分区域。

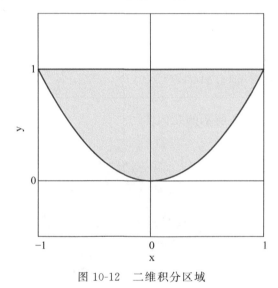

图 10-12　二维积分区域

例 10-14　确定两个椭圆抛物面与圆柱所围几何体的体积。

解:

```
syms r x y z theta
LP = z == 2 * x^2 + y^2; UP = z == 8 − x^2 − 2 * y^2;       % 上、下抛物面
f = rhs(LP); g = rhs(UP); s = sqrt(1−x^2); s83 = sqrt(8/3);
CC = x^2 + y^2 == 1;                                        % 圆柱
V = int(int(g− f, y, −s, s), x, −1, 1)
```

$$V = \frac{13\pi}{2}$$

```
V_appx = double(V)
```

$$V\_appx = 20.4204$$

```
ct = cos(theta); st = sin(theta); xp = r * ct; yp = r * st;
fp = simplify(subs(f, [x y], [xp yp]));
gp = simplify(subs(g, [x y], [xp yp]));
figure
fsurf(xp, yp, gp, [0 s83 0 2 * pi], 'r', 'MeshDensity', 20); hold on   % 抛物面 z = 8 - x^2 -
                                                                        2 * y^2 之上
fsurf(xp, yp, fp, [0 s83 0 2 * pi], 'g', 'MeshDensity', 20)            % 抛物面 z = 2 * x^2 +
                                                                        y^2 之下
fsurf(ct, st, z, [0 2 * pi - 1 8], 'y', 'MeshDensity', 20)            % 圆柱体 x^2 + y^2 = 1
                                                                        的侧面
xlabel('x');
ylabel('y');
zlabel('z');
xticks(-1:1); yticks(-1:1); zticks(0:4:8)
```

运行程序,得到如图 10-13 所示的几何体。

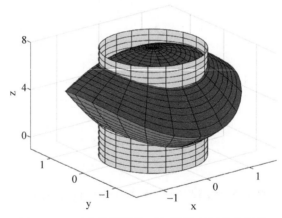

图 10-13 两个椭圆抛物面与圆柱所围的几何体

例 10-15 确定积分 $\int_0^1 \int_{\arctan x}^{\frac{\pi}{4}} f(x,y)\,\mathrm{d}x\,\mathrm{d}y$ 改变积分顺序后的积分上、下限并绘制积分区域。

解：

```
figure
x = linspace(0,1); x = tan(y);
```

```
X = [x 0 0]; Y = [y pi/4 0];
fill(X,Y,'y'); grid on; hold on
plot(X,Y,'b', 'LineWidth', 2)
plot([ − 0.5 1.5], [0 0], 'k')
plot([0 0], [ − 0.5 1.5], 'k')
axis equal; axis([ − 0.5 1.5 − 0.5 1.5])
xlabel('x');
ylabel('y');
xticks(0:1); yticks(0:1)
text(0.5, 0.4, 'y = arctan(x) or x = tan(y)', 'FontSize', 12)
text(0.4, 0.9, 'y = \pi/4', 'FontSize', 12)
text( − 0.25, 0.5, 'x = 0', 'FontSize', 12)
```

运行程序,得到如图 10-14 所示的二维积分区域。

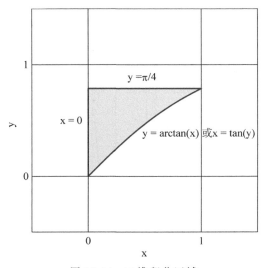

图 10-14　二维积分区域

例 10-16　改变积分 $\displaystyle\int_0^8 \int_{y^{\frac{1}{3}}}^2 \mathrm{e}^{x^4}\,\mathrm{d}x\,\mathrm{d}y$ 的顺序并计算积分。

解:

```
syms x y
I = int(int(exp(x^4), y, 0, x^3), x, 0, 2)
```

$$I = \frac{\mathrm{e}^{16}}{4} - \frac{1}{4}$$

```
I_appx = double(I)
```

I_appx = 2.2215e+06

```
figure
xs = linspace(0,2); ys = xs.^3;
X = [xs 2 0]; Y = [ys 0 0];
fill(X,Y,'y'); grid on; hold on
plot(X,Y,'b', 'LineWidth', 2)
plot([-2 4], [0 0], 'k')
plot([0 0], [-1 9], 'k')
axis equal; axis([-2 4 -1 9])
xlabel('x');
ylabel('y');
xticks(0:2:2); yticks(0:2:8)
text(-1.25, 4.6, 'x = y^{1/3} 或 y = x^3', 'FontSize', 12)
text(0.6, -0.5, 'y = 0', 'FontSize', 12)
text(2.5, 3.8, 'x = 2', 'FontSize', 12)
```

运行程序,得到如图 10-15 所示的积分区域。

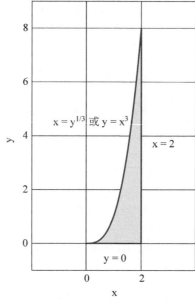

图 10-15　二维积分区域

例 10-17　求平面 $x+y+z=1$ 和曲面 $z=4-x^2-y^2$ 所围几何体的体积。

解:

```
syms r t x y z
plane = x + y + z == 1; paraboloid = z == 4 - x^2 - y^2;
```

```
eq1 = subs(paraboloid, z, 1 - x - y);
eq2 = lhs(eq1) - rhs(eq1) == 0 ;
eq3 = eq2 + 1/4 + 1/4 + 3 ;
c = (x - 1/2)^2 + (y - 1/2)^2 == 7/2;
xsp = 1/2 + r * cos(t); ysp = 1/2 + r * sin(t);        % 极坐标变换
f = 1 - xsp - ysp;
g = 4 - xsp^2 - ysp^2 ;
V = int(int((g - f) * r, r, 0, sqrt(7/2)), theta, 0, 2 * pi)
```

$$V = \frac{49\pi}{8}$$

```
V_appx = double(V)              % 体积
```

V_appx = 19.2423

```
figure
fsurf(xsp, ysp, g, [0 sqrt(7/2) 0 2 * pi], 'r', 'MeshDensity', 20); hold on    % 抛物面上面
fsurf(xsp, ysp, f, [0 sqrt(7/2) 0 2 * pi], 'g', 'MeshDensity', 10)             % 平面下面
xlabel('x');
ylabel('y');
zlabel('z');
axis equal
view( - 40,44)
```

运行程序,得到如图 10-16 所示的积分区域。

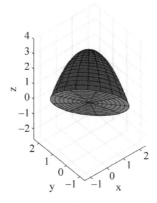

图 10-16 平面 $x + y + z = 1$ 和曲面 $z = 4 - x^2 - y^2$ 所围的几何体

10.5.2　四维积分的计算

MATLAB 中的 integral 求积分函数直接支持一维、二维和三维积分。然而,要求解四维和更高阶积分,需要嵌套对求解器的调用。接下来将介绍一个通过使用 integral3 和 integral 的嵌套调用来计算四维球体体积的例子。

已知半径为 r 的四维球体的体积为:

$$V_4(r) = \int_0^{2\pi} \int_0^{\pi} \int_0^{\pi} \int_0^{r} r^3 \sin^2(\theta) \sin(\phi) \, \mathrm{d}r \, \mathrm{d}\theta \, \mathrm{d}\phi \, \mathrm{d}\xi$$

现在需要计算该球体的数值解。

这是一个四维积分,要实现对它的求解,首先可以为被积函数创建函数句柄 $f(r, \theta, \phi, \xi)$:

```
f = @(r,theta,phi,xi) r.^3 .* sin(theta).^2 .* sin(phi);
```

接下来,创建一个函数句柄,它使用 integral3 计算三个积分:

```
Q = @(r) integral3(@(theta,phi,xi) f(r,theta,phi,xi),0,pi,0,pi,0,2*pi);
```

最后,使用 Q 作为被积函数,用 integral 来对其进行积分。需要为半径 r 选择一个值,此处 $r=2$:

```
I = integral(Q,0,2,'ArrayValued',true)
```

I = 78.9568

得到的确切答案是 $\dfrac{\pi^2 r^4}{2\Gamma(2)}$,然后计算其数值:

```
I_exact = pi^2 * 2^4/(2 * gamma(2))
```

I_exact＝78.9568

10.6　上机实践

1. 计算 $I = \iint\limits_{D} \sqrt{1 - \dfrac{x^2}{a^2} - \dfrac{y^2}{b^2}} \, \mathrm{d}x \, \mathrm{d}y$,其中 D 为椭圆 $\dfrac{x^2}{a^2} + \dfrac{y^2}{b^2} = 1$ 所围成的闭区域。

2. 计算三重积分 $I = \int_{-\sqrt{2}}^{\sqrt{2}} \mathrm{d}z \int_{-\sqrt{3}}^{\sqrt{3}} \mathrm{d}y \int_{-2}^{2} (\sin x^2 + z^2 \cos y) \mathrm{d}x$ 的数值解并验证数值解的准确性。

3. 计算三重积分

$$I = \iiint\limits_{\Omega} xyz \, \mathrm{d}v$$

其中,Ω 由曲面 $z = xy$,$x + y + z = 1$ 及 $z = 0$ 围成。

4. 计算三重积分

$$I = \iiint\limits_{\Omega} \frac{x^2 + y^2}{2} \, \mathrm{d}v$$

其中,Ω 由曲线 $\begin{cases} y^2 = 2z \\ x = 0 \end{cases}$ 绕 z 轴旋转一周而成的曲面与平面 $z = 8$ 围成。

第11章 曲线积分与曲面积分

本章的主线是求一个给定函数的曲线积分与曲面积分,涉及三个重要的公式:格林公式描述了重积分与坐标的曲线积分的关系,可借助重积分计算曲线积分;高斯公式是格林公式在高维度上的推广,描述了三重积分与曲面积分的关系,可借助三重积分计算曲面积分;而斯托克斯公式描述了曲线积分与曲面积分的关系,两者在计算时可以转换。

在本章的 MATLAB 实现中,并不会涉及数值方法。在 MATLAB 中,对于实现形式运算有一个专门的工具箱——Symbolic Math Toolbox,然而其中并没有可以用来直接计算曲线积分与曲面积分的函数,因此,将依据理论方法直接编写 MATLAB 程序来求解问题。

11.1 本章目标

本章将用 MATLAB 实现以下操作:
(1) 对弧长的曲线积分。
(2) 对坐标的曲线积分。
(3) 保守场和积分函数的确定。
(4) 曲面积分及高斯公式。

11.2 相关命令

本章涉及符号替换函数 subs。用法如下:
- subs(s,old,new):返回 s 的副本,将 s 中所有 old 替换为 new,然后计算 s。
- subs(s,new):返回 s 的一个副本,用 new 替换 s 中所有出现的默认变量,然后对 s 求值。默认变量由 symvar 确定。
- subs(s):返回 s 的一个副本,用调用函数和 MATLAB 工作空间中的符号变量的值替换 s 中的符号变量,然后计算 s。没有赋值的变量仍然作为变量。

11.3　对弧长的曲线积分

高等数学中,求解函数 $f(x,y)$ 在曲线弧 L 上的曲线积分 $\displaystyle\int_L f(x,y)\mathrm{d}s$ 的方法为:

第一步:

将曲线弧 L 化为参数方程 $\begin{cases} x=\varphi(t) \\ y=\psi(t) \end{cases}(\alpha\leqslant t\leqslant\beta)$。

第二步:

曲线积分,即

$$\int_L f(x,y)\mathrm{d}s = \int_\alpha^\beta f\left[\varphi(t),\psi(t)\right]\sqrt{\varphi'^2(t)+\psi'^2(t)}\,\mathrm{d}t$$

其中,如果给出的曲线弧 L 为一般方程 $g(x,y)=0$,那么第一步的完成由于参数选择的灵活性,不推荐大家使用 MATLAB 完成。不过,可以采用一种方法,即始终视 x 为参数 t,用 L 的方程解出 y,并以 x 的范围为曲线积分上、下限。实现过程为:

```
syms x;
syms y;
eqn = g(x) == 0;
solve(eqn, y)          % 调用 solve 函数解出 y
```

这里给出的是一段伪代码,在实际运用中要将 $g(x)$ 用具体函数替代。这种方法是先声明形式变量 x、y,再调用 solve 函数解出 y 关于 x 的表达式。这种方法有两个缺点:其一,没有显式解时会报错;其二,有时显式解是分段的,比如曲线方程是 $x^2+y^2=1$ 时,给出的 y 就是两段: $\sqrt{1-x^2}$ 和 $-\sqrt{1-x^2}$。

因此,接下来默认给出的曲线弧已经为参数形式,再用 MATLAB 计算其曲线积分:

```
syms x(t);
syms y(t);
x(t) = fai(t);
y(t) = psai(t);
dx = diff(x);
dy = diff(y);
curveint = int(f(x(t),y(t)) * sqrt(dx^2 + dy^2), [a b])          % 用公式计算曲线积分
```

注意:这里给出的是一段伪代码,在实际运用中要将 fai(x)、psai(t) 以及 f(x(t),y(t)) 用具体函数替代。

在计算曲线积分结果时用到了函数 int(integral 的缩写)。考虑到曲线积分的常用性,可以将其写为函数,随时调用:

```
function ans = curveint(x, y, f, a, b)
   dx = diff(x);
   dy = diff(y);
   syms t;
   ans = int(f * sqrt(dx^2 + dy^2), t, [a b]);
end
```

为了方便函数的调用，在保存脚本时文件名必须为函数名。接下来，调用此函数来解决一道课本的曲线积分例题。

例 11-1　计算 $\int_L \sqrt{y}\,\mathrm{d}s$，其中 L 是抛物线 $y = x^2$ 上点 $O(0,0)$ 与点 $B(1,1)$ 之间的一段弧。

解：

```
syms x(t);
syms y(t);
x = t;
y = t * t;
a = 0;
b = 1;
syms f(t);
f = t;
curveint(x, y, f, a, b)
```

运行程序，得到如下结果：

$$\text{ans} = \frac{5\sqrt{5}}{12} - \frac{1}{12}$$

11.4　对坐标的曲线积分

求解函数 $\boldsymbol{F}(x,y) = P(x,y)\boldsymbol{i} + Q(x,y)\boldsymbol{j}$ 在曲线 L 上对坐标的曲线积分 $\int_L P(x, y)\mathrm{d}x + Q(x,y)\mathrm{d}y$ 的方法为：

第一步：

将曲线 L 化为参数方程 $\begin{cases} x = \varphi(t) \\ y = \psi(t) \end{cases}$，$\alpha$ 对应曲线起点，β 对应曲线终点。

第二步：

曲线积分，即为

$$\int_L P(x,y)\mathrm{d}x + Q(x,y)\mathrm{d}y = \int_\alpha^\beta \left\{ P[\varphi(t), \psi(t)]\varphi'(t) + Q[\varphi(t), \psi(t)]\psi'(t) \right\}\mathrm{d}t$$

若给出的曲线 L 并非参数方程，其化为参数方程的方法如 11.3 节所示。接下来默认给出的曲线 L 的方程为参数方程，可以将对坐标的曲线积分直接编为函数：

```
function ans = curveint2(x, y, p, q, a, b)
  dx = diff(x);
  dy = diff(y);
  syms t;
  ans = int(p * dx + q * dy, t, [a b]);
end
```

然后就可以利用该函数对曲线积分进行计算了，下面将举例说明其使用过程。

例 11-2　计算 $\int_L xy\,\mathrm{d}x$，其中 L 为抛物线 $x=y^2$ 上点 $A(1,-1)$ 到点 $B(1,1)$ 的一段弧。

解：

考虑到 L 为抛物线 $x=y^2$ 上的一段弧，因此以 y 为参数，即参数方程为

$$\begin{cases} y=t \\ x=t^2 \end{cases}$$

对 t 的积分上、下限为 $a=-1,b=1$。另外，在本题中，可见 $Q(x,y)=0$。

求解的代码如下：

```
syms y(t);
y = t;
syms x(t);
x = t^2;
syms p(t);
p = x * y;
syms q(t);
q = 0;
a = -1;
b = 1;
curveint2(x, y, p, q, a, b)
```

运行程序，得到如下结果：

$$\mathrm{ans} = \frac{4}{5}$$

11.5　保守场

在物理问题中，经常会接触由力的存在而形成的场。有些场的做功与路径无关，如重力

场,有些场的做功与路径相关,如磁场。做功与路径无关的场称为**保守场**,保守场的判定就可以利用曲线积分的方法,下面就来判定$(P(x,y),Q(x,y))$是否为保守场。

11.5.1　保守场的判定

通过移项

$$\int_{A \to B:L1} P(x,y)\mathrm{d}x + Q(x,y)\mathrm{d}y = \int_{A \to B:L2} P(x,y)\mathrm{d}x + Q(x,y)\mathrm{d}y$$

使其变为

$$\int_{A \to B \to A} P(x,y)\mathrm{d}x + Q(x,y)\mathrm{d}y = 0$$

即

$$\oint P(x,y)\mathrm{d}x + Q(x,y)\mathrm{d}y = 0$$

因此与路径无关的积分可以转换为环路积分,而环路积分可以进一步用格林公式转换,

$$\iint_{D}\left(\frac{\partial Q}{\partial x} - \frac{\partial P}{\partial y}\right)\mathrm{d}x\,\mathrm{d}y = \oint_{L} P\mathrm{d}x + Q\mathrm{d}y = 0$$

即

$$\frac{\partial Q}{\partial x} = \frac{\partial P}{\partial y}$$

因此,通过对偏导数的计算即可判断一个力场$(P(x,y),Q(x,y))$是否为保守场。根据这个思想,可以编写如下判断函数:

```
function csfield(p,q,x,y)
   if diff(p,y) == diff(q,x)
      display('yes');
   else
       display('no');
end
```

上述代码当$(P(x,y),Q(x,y))$为保守场时输出 yes,当它不是保守场时输出 no。这是一个典型的分支结构。

需要注意的是,这个函数没有在 function 后声明返回值,而是在函数体中有所输出。由此可见,MATLAB 中的函数返回的内容不仅可以事先声明返回值,还可以在函数体中直接展示结果内容。另外注意,当调用函数时,需要将两个自变量 x、y 也传送到函数中,否则需要另外声明。

代码中使用 $\mathrm{diff}(p,y)$ 求 $P(x,y)$ 对 y 的偏导数。一般地,通过 diff 函数可以计算偏导数,其格式为 diff(函数,偏导变量)。

例 11-3　判断场 $x^2y \cdot \boldsymbol{i} + xy^2 \cdot \boldsymbol{j}$ 是否为保守场。

解：

```
syms p(x, y);
syms q(x, y);
p = x * y * y;
q = x * x * y;
csfield(p, q, x, y)
```

运行程序,得到如下结果：

yes

表明这是一个保守场。

另外,对于偏导数连续的二元函数,有

$$\frac{\partial^2 f}{\partial x \partial y} = \frac{\partial^2 f}{\partial y \partial x}$$

因此,对于保守场 $(P(x,y), Q(x,y))$,由于

$$\frac{\partial Q}{\partial x} = \frac{\partial P}{\partial y}$$

因此 $P(x,y)\mathrm{d}x + Q(x,y)\mathrm{d}y$ 也可对应于一个二元函数的全微分。

11.5.2　积分函数的确定

$P(x,y)\mathrm{d}x + Q(x,y)\mathrm{d}y$ 也可对应于一个二元函数的全微分,可以找出其中的一个原函数,可用积分

$$\int_{(0,0)}^{(x,y)} P(x,y)\mathrm{d}x + Q(x,y)\mathrm{d}y$$

求得。

由于这个全微分对应一个保守场,因此路径的选择并不会影响积分值,因此可以选择与坐标轴平行的积分路径,将其拆为

$$\int_{(0,0)}^{(x,0)} P(x,y)\mathrm{d}x + Q(x,y)\mathrm{d}y + \int_{(x,0)}^{(x,y)} P(x,y)\mathrm{d}x + Q(x,y)\mathrm{d}y$$

而从 $(0,0)$ 到 $(x,0)$ 时 $\mathrm{d}y=0$,从 $(x,0)$ 到 (x,y) 时 $\mathrm{d}x=0$,因此其变为

$$\int_{(0,0)}^{(x,0)} P(x,y)\mathrm{d}x + \int_{(x,0)}^{(x,y)} Q(x,y)\mathrm{d}y$$

例 11-4　验证：在整个 xOy 面内, $xy^2\mathrm{d}x + x^2y\mathrm{d}y$ 是某个函数的全微分,并求出一个这样的函数。

解：

利用公式可得

$$\int_{(0,0)}^{(x,0)} xy^2\mathrm{d}x + \int_{(x,0)}^{(x,y)} x^2y\mathrm{d}y$$

可以使用 int 函数完成对某个变量的积分。而积分的上、下限由于与 x、y 冲突，可以使用另外的参数 m、n，最后用 subs 函数替换，具体实现代码为：

```
syms p(x,y);
syms q(x,y);
syms m;
syms n;
p = x * y * y;
q = x * x * y;
f = int(p,x,[0 m]);
g = int(q,y,[0 n]);
f1 = subs(f,m,x);            % 将 f 中的 m 替换为 x
f2 = subs(f1,y,0);           % 将 y 替换为 0
g1 = subs(g,n,y);            % 将 g 中的 n 替换为 y
f2 + g1
```

运行程序，得到如下结果：

$$\text{ans} = \frac{x^2 y^2}{2}$$

注意到，f 和 g 的积分变量是不同的，通过 int 接收的第二个参量调控。一般地，对某个变量积分的语法为 int(被积函数,积分变量)。

subs 既可以完成符号与数值之间的替换，也可以完成符号与符号之间的替换。由于 $\int_{(0,0)}^{(x,0)} x y^2 \mathrm{d}x$ 计算的是从 $(0,0)$ 到 $(x,0)$ 的积分，因此要将 y 替换为 0，为了避免与 x、y 计算的冲突，最后也要将定义的 m、n 替换回来。

11.6　从曲线到曲面的推广

可以将以上所述曲线积分的内容推广到曲面积分上。

11.6.1　曲面积分

比如将对弧长的曲线积分 $\int_L f(x,y)\mathrm{d}s$ 推广为对面积的**曲面积分**。下面来完成维数上对应的推广。此时，二元函数 $f(x,y)$ 要变为三元函数 $f(x,y,z)$，积分变量要从弧长 $\mathrm{d}s$ 变为面积 $\mathrm{d}S$，积分区域要从一段弧 L 变为一片曲面 Σ。

回顾求解函数 $f(x,y)$ 在曲线弧 L 上的曲线积分 $\int_L f(x,y)\mathrm{d}s$ 的方法为：

第一步：将曲线弧 L 化为参数方程 $\begin{cases} x = \varphi(t) \\ y = \psi(t) \end{cases}$，$(\alpha \leqslant t \leqslant \beta)$。

第二步：曲线积分即为 $\int_L f(x,y)\mathrm{d}s = \int_a^\beta f[\varphi(t),\psi(t)]\sqrt{\varphi'^2(t)+\psi'^2(t)}\,\mathrm{d}t$。

这个过程中，引入了一个参数。而对于对面积的曲面积分，相对应地要将曲面 Σ 化为参数方程，此时则要引入两个参数。为此可以获得求解对面积的曲面积分的方法：

第一步：将曲面 Σ 化为参数方程

$$\begin{cases} x=x \\ y=y \\ z=z(x,y) \end{cases},(x,y)\in 区域\ D$$

第二步：对面积的曲面积分，即为

$$\iint_\Sigma f(x,y,z)\mathrm{d}S = \iint_D f(x,y,z(x,y))\sqrt{1+z_x'^2+z_y'^2}\,\mathrm{d}x\,\mathrm{d}y$$

至此，将对面积的曲面积分化为了一个二重积分，这与将对弧长的曲线积分化为一元函数积分是相对应的。

与本章前半段内容同样，跳过用 solve 函数解出 $z(x,y)$ 表达式的做法，默认已经获得了曲面 Σ 的参数方程 $\begin{cases} x=x \\ y=y \\ z=z(x,y) \end{cases}$。接下来，将用 MATLAB 实现对面积的曲面积分的计算，实质上也是实现对此二重积分的计算。

可以使用 int 函数进行两次积分运算，先对 y 积分，再对 x 积分：

```
function i = surfaceint(x,y,z,f,x1,x2,y1,y2)
    d1 = diff(z,x);
    d2 = diff(z,y);
    syms g(x,y);
    g = f * sqrt(1 + d1^2 + d2^2);
    i1 = int(g,y,y1,y2);
    i = int(i1,x,x1,x2);
end
```

需要注意的是，由于在上述脚本中，先对 y 积分，再对 x 积分，因此在调用此函数 surfaceint 之前，在命令行进行一些初始化工作时，$x1$、$x2$ 需要是确定的数值，而 $y1$、$y2$ 则是以 x 为自变量的符号函数。接下来将尝试调用 surfaceint 函数对面积的曲面积分进行计算。

例 11-5 计算 $\oiint_\Sigma xyz\,\mathrm{d}S$，其中 Σ 是由平面 $x=0$、$y=0$、$z=0$ 以及 $x+y+z=1$ 所围成的四面体的整个边界曲面。

解：

```
syms x y;
syms z(x,y);
```

```
z = 1 − x − y;
syms f(x, y);
f = x * y * z;
y1 = 0;
syms y2(x);
y2 = 1 − x;
x1 = 0;
x2 = 1;
surfaceint(x, y, z, f, x1, x2, y1, y2)
```

运行程序，得到如下结果：

$$\text{ans} = \frac{\sqrt{3}}{120}$$

其中需要注意的是，由于先对 y 积分再对 x 积分，因此 x1 要取具体的数值 0，x2 要取具体的数值 1，y1、y2 则需要表示为 x 的函数的形式。

类似地，可以使用参数方程完成对坐标的曲面积分。

11.6.2 高斯公式与斯托克斯公式

高斯公式（Gauss's theorem）以及**斯托克斯公式**（Stokes's theorem），它们分别是格林公式在维度与变量个数上的推广。其中，高斯公式为

$$\iiint_\Omega \left(\frac{\partial P}{\partial x} + \frac{\partial Q}{\partial y} + \frac{\partial R}{\partial z}\right) dv = \oiint_\Sigma P\,dy\,dz + Q\,dz\,dx + R\,dx\,dy$$

而斯托克斯公式则为

$$\iint_\Sigma \left(\frac{\partial R}{\partial y} - \frac{\partial Q}{\partial z}\right) dy\,dz + \left(\frac{\partial P}{\partial z} - \frac{\partial R}{\partial x}\right) dz\,dx + \left(\frac{\partial Q}{\partial x} - \frac{\partial P}{\partial y}\right) dx\,dy = \oint_\Gamma P\,dx + Q\,dy + R\,dz$$

其中，Γ 为 Σ 的边界。

对比格林公式

$$\iint_D \left(\frac{\partial Q}{\partial x} - \frac{\partial P}{\partial y}\right) dx\,dy = \oint_L P\,dx + Q\,dy$$

三者的关系如表 11-1 所示。

表 11-1　格林公式、高斯公式和斯托克斯公式的对比

名　称	关　系　式	描述关系
格林公式	$\iint_D \left(\frac{\partial Q}{\partial x} - \frac{\partial P}{\partial y}\right) dx\,dy = \oint_L P\,dx + Q\,dy$	二重积分与对坐标的曲线积分

名　　称	关　系　式	描　述　关　系
高斯公式	$\iiint\limits_{\Omega}\left(\dfrac{\partial P}{\partial x}+\dfrac{\partial Q}{\partial y}+\dfrac{\partial R}{\partial z}\right)\mathrm{d}v = \oiint\limits_{\Sigma}P\mathrm{d}y\mathrm{d}z + Q\mathrm{d}z\mathrm{d}x + R\mathrm{d}x\mathrm{d}y$	三重积分与对坐标的曲面积分
斯托克斯公式	$\iint\limits_{\Sigma}\left(\dfrac{\partial R}{\partial y}-\dfrac{\partial Q}{\partial z}\right)\mathrm{d}y\mathrm{d}z + \left(\dfrac{\partial P}{\partial z}-\dfrac{\partial R}{\partial x}\right)\mathrm{d}z\mathrm{d}x + \left(\dfrac{\partial Q}{\partial x}-\dfrac{\partial P}{\partial y}\right)\mathrm{d}x\mathrm{d}y$ $= \oint\limits_{\Gamma}P\mathrm{d}x + Q\mathrm{d}y + R\mathrm{d}z$	对坐标的曲面积分与对坐标的曲线积分

通过表 11-1 可以清晰地看出这三个公式的彼此继承与推广关系。另外,从表格第三栏中,可以清晰地看出三个公式描述的量之间的关系。因此,可以借助其中一个量计算另一个量。比如说,格林公式描述了二重积分与对坐标的曲线积分之间的关系,那么,可以用本章所学的对坐标的曲线积分方法来计算二重积分,也可以使用本书第 10 章重积分部分的内容通过二重积分来计算对坐标的曲线积分。

11.7 拓展内容：曲面积分与散度定理的证明

散度(divergence)可用于表征空间各点矢量场发散的强弱程度,物理上,散度的意义是场的有源性。当 div F＞0 时,表示该点有散发通量的正源(发散源);当 div F＜0 时,表示该点有吸收通量的负源(洞或汇);当 div F＝0 时,表示该点无源。

对于一个矢量场 **F** 而言,散度有两种不同的定义方式。

第一种定义方式和坐标系无关:

$$\mathrm{div}\ \boldsymbol{F} = \lim_{V \to 0}\frac{1}{V}\oiint\limits_{\partial V}\boldsymbol{F}\cdot\mathrm{d}S$$

第二种定义方式则是在直角坐标系下进行的:

$$\mathrm{div}\ \boldsymbol{F} = \nabla\cdot\boldsymbol{F} = \frac{\partial F_x}{\partial x}+\frac{\partial F_y}{\partial y}+\frac{\partial F_z}{\partial z}$$

可以证明,在极限存在的情况下,两种定义是等价的。因此也常直接用 ∇·**F** 代表 **F** 的散度。由散度的定义可知,div **F** 表示在某点处的单位体积内散发出来的矢量 **F** 的通量,div **F** 描述了通量源的密度。举例来说,假设将太空中各个点的热辐射强度向量看作一个向量场,那么某个热辐射源(比如太阳)周边的热辐射强度向量都指向外,说明太阳是不断产生新的热辐射的源头,其散度大于零。从定义中还可以看出,散度是向量场的一种强度性质,就如同密度、浓度、温度一样,它对应的广延性质是一个封闭区域表面的通量。

既然向量场某一处的散度是向量场在该处附近通量的体密度,那么对某一个体积内的散度进行积分,就应该得到这个体积内的总通量。可以证明这个推论是正确的,称为高斯(Gauss)散度定理或高斯公式。用数学语言表示为:

$$\iiint\limits_{V} \nabla \cdot \boldsymbol{F} \, dV = \oiint\limits_{S} \boldsymbol{F} \cdot dS$$

高斯公式说明，如果在体积 V 内的向量场 $\boldsymbol{F}$ 拥有散度，那么散度 div $\boldsymbol{F}$ 的体积分等于向量场在 V 的表面 S 的面积分。

下面将尝试用 MATLAB 实现对该定理的证明。

（1）定义向量函数。

定义向量函数并设置函数形式：

```
% 定义匿名函数 fx: w = f(x,y,z) = fx i + fy j + fz k
f = @(x,y,z) [2 * x.^1.5; y.^2; 4 * z.^1.5];
% 直角棱镜边界(初始值和最终值以及沿一维的点数)
xi = 3; xf = 17; yi = 1; yf = 9; zi = 1.5; zf = 8.5; n = 7;
```

（2）计算体积积分和曲面积分。

计算 x、y、z、wx、wy 和 wz 的值：

```
X = linspace(0, xi + xf, n);
Y = linspace(0, yi + yf, n);
Z = linspace(0, zi + zf, n);
[x, y, z] = meshgrid(X, Y, Z);
w = f(x, y, z);
wx = w(1:n, :, :);
wy = w(n + 1:2 * n, :, :);
wz = w(2 * n + 1:3 * n, :, :);
% 发散值
sf = sym(f); sf1 = diag(jacobian(sf));
df1 = matlabFunction(sf1(1) + sf1(2) + sf1(3));
divw = df1(x, y, z);
% 使用高斯散度定理计算流量值
    % 体积积分
        % 解析
            flowV =
double(int(int(int(sym(df1), 'x', xi, xf), 'y', yi, yf), 'z', zi, zf));
        % 数值
            flowVn = integral3(df1, xi, xf, yi, yf, zi, zf);
        % 误差
            eV = abs((flowV - flowVn)/flowV);
    % 曲面积分
        % 解析
            xS = matlabFunction(int(int(sf(1), 'y', yi, yf), 'z', zi, zf));
            yS = matlabFunction(int(int(sf(2), 'x', xi, xf), 'z', zi, zf));
            zS = matlabFunction(int(int(sf(3), 'x', xi, xf), 'y', yi, yf));
            flowSx = xS(xf) - xS(xi); flowSy = yS(yf) - yS(yi); flowSz = zS(zf) - zS(zi);
            flowS = flowSx + flowSy + flowSz;
```

```
        % 数值
        fx = matlabFunction(sf(1)); fy = matlabFunction(sf(2)); fz = matlabFunction
(sf(3));
        XX = matlabFunction(sym(fx(xf) - fx(xi))); XXX = @(y,z) ones(size(y)) *
double(XX());
        YY = matlabFunction(sym(fy(yf) - fy(yi))); YYY = @(x,z) ones(size(x)) *
double(YY());
        ZZ = matlabFunction(sym(fz(zf) - fz(zi))); ZZZ = @(x,y) ones(size(x)) *
double(ZZ());
        flowSxn = integral2(XXX,yi,yf,zi,zf); flowSyn = integral2(YYY,xi,xf,zi,zf);
flowSzn = integral2(ZZZ,xi,xf,yi,yf);
        flowSn = flowSxn + flowSyn + flowSzn;
    % 偏差
        eS = abs((flowS - flowSn)/flowS);
  % 曲面积分与体积积分的比较
        RES = isequal(flowV,flowS);
```

（3）显示结果。

```
LW = 'linewidth';
CO = 'color';
plot3([xi xf xf xi xi xi xi xf xf xi],[yi yi yf yf yi yi yf yf yi yi],...
    [zi zi zi zi zi zf zf zf zf zf],'w-',LW,2);
hold('on');
plot3([xi xi],[yf yf],[zi zf],'w-',LW,2);
plot3([xf xf],[yf yf],[zi zf],'w-',LW,2);
plot3([xf xf],[yi yi],[zi zf],'w-',LW,2);
quiver3(x,y,z,wx,wy,wz,LW,1,CO,'k');
% w靠近直角棱镜 x, y, z 的分量
R = 2:n-1;
xb = x(R,R,R);
yb = y(R,R,R);
zb = z(R,R,R);
ZE = zeros(n-2,n-2,n-2);
quiver3(xb,yb,zb,ZE,ZE,wz(R,R,R),LW,1,CO,'w');
quiver3(xb,yb,zb,ZE,wy(R,R,R),ZE,LW,1,CO,'w');
quiver3(xb,yb,zb,wx(R,R,R),ZE,ZE,LW,1,CO,'w');
% 图的修饰
S = slice(x,y,z,divw,xi + xf,yi + yf,0);
S(1).FaceAlpha = 0.5;
S(2).FaceAlpha = 0.5;
colormap('jet');
colorbar;
shading('interp');
```

```
camlight;
set([S(1) S(2)],'ambientstrength',0.6);
% 注释
axis('equal'); axis([0 Inf 0 Inf 0 Inf]);
xlabel('x');
ylabel('y');
zlabel('z');
title({'散度定理'; '净流出体积 = 密度的体积积分 = 流量的曲面积分'});
hold('off');
```

运行程序，得到如图 11-1 所示的流量图。

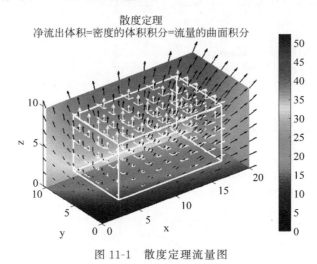

图 11-1　散度定理流量图

```
disp('散度定理');
disp(' ========================================================== ');
    disp(['体积积分 = ' num2str(flowV) '.']);
    disp(['曲面积分 = ' num2str(flowS) '.']);
```

显示如下结果：

散度定理

==============================

体积积分 = 25387.5279.

曲面积分 = 25387.5279.

```
if RES
    YN = '相等';
else
```

```
        YN = '不等';
    end
disp(['因此，它们'YN'！']);
```

因此，它们相等！

11.8　上机实践

1. 设螺旋形弹簧一圈的方程为 $x = a\cos t$，$y = a\sin t$，$z = kt$，其中 $0 \leqslant t \leqslant 2\pi$，它的线密度 $\rho(x, y, z) = x^2 + y^2 + z^2$。求：(1)它关于 z 轴的转动惯量 I_z；(2)它的质心。

使用 MATLAB 完成以上题目，需要注意的是，本题中求解的是三维空间中的曲线积分，与本章中给出的代码稍有区别。

提示：当被积函数中出现参数时，要先用 syms 声明。

2. 计算 $\int_\Gamma x^3 \mathrm{d}x + 3zy^2 \mathrm{d}y - x^2 y \mathrm{d}z$，其中 Γ 是从点 $A(3, 2, 1)$ 到 $B(0, 0, 0)$ 的直线段 AB。

本章中给出的程序是计算二维空间中对坐标的曲线积分的程序，请将其修改，以计算三维空间中对坐标的曲线积分，并解决以上问题。

3. 曲线积分与对坐标的曲线积分的关系如下：

$$\int_L P(x, y) \mathrm{d}x + Q(x, y) \mathrm{d}y = \int_L [P(x, y)\cos\alpha + Q(x, y)\cos\beta] \mathrm{d}s$$

其中，$\alpha(x, y)$ 与 $\beta(x, y)$ 为有向曲线弧 L 在点 (x, y) 处的切向量的方向角。

请编写程序，调用曲线积分函数——即前面所编写的 curveint，计算对坐标的曲线积分。

提示：其中的方向角可以利用求微分的函数 diff 计算。

高等数学的主线是微积分,微积分的一个最基本的思想就是"极限"。高等数学中所谓的"极限",跟生活中的"极限"不大一样,准确地说是所能达到"极限"的尺度不大一样,高等数学中的"极限"要远比生活中所能达到"极限"还要"极限"得多。无论是微分还是积分,都蕴含着这种"无限逼近"的极限思想。只要透彻理解了高等数学中"极限"的概念,就不难理解微分、积分和无穷级数之间的关系,它们之间最简单的关系就是都蕴含了这种"极限"的思想。其实可以说无穷级数是微积分的另一种表现形式,就像一次函数和直线方程实质上是同一种东西。

无穷级数的重要作用是可以用有限的、比较简单的函数形式来逼近复杂的函数,从而实现对复杂函数的近似计算,这对于工程计算具有非常重要的意义,也体现了微积分在工程领域的应用方法。无穷级数是高等数学最后的内容,微积分由极限的思想引入,经历了微分、积分的学习,最后又回归到无穷级数这一体现极限思想的概念,所以说无穷级数也是对微积分的回归与总结。

12.1 本章目标

本章将首先介绍常数项级数的概念,介绍无穷级数的收敛与发散,并将尝试通过 MATLAB 来实现某些级数的审敛,而对于一些收敛的级数则确定它的和。随着知识的进一步深入,将了解一些特殊的级数,譬如正项级数等,进一步地也获得了更多的审敛法。

然后将了解函数项级数的概念,知道其中最常见的幂级数。有了阿贝尔定理的理论支持,可以编写对应的脚本很方便地求收敛半径与收敛域。将函数展开成幂级数的部分即为泰勒展开,很容易在 MATLAB 中实现,有着对应的 Taylor 函数,这部分内容在上册的第 3 章中已经讲述了相关知识,本章不作重复赘述了。另外,关于函数幂级数展开式应用部分将不做重点介绍,因为近似计算用 MATLAB 来做未免显得有些笨拙,其实已经有了其他强大的计算工具;用幂级数解微分方程较有技巧性,需要分析,不适合用 MATLAB 编写脚本;欧拉公式只是引入,为之后的傅里叶级数做铺垫。

本章最后讲述了傅里叶级数的相关知识,将编写更为复杂的脚本来将函数展开为傅里叶级数。在了解一般周期函数的傅里叶级数以及傅里叶级数的复数形式之后,就能够简化脚本。学习傅里叶级数后,可以了解一些拓展知识。将参考 MATLAB 中的帮助文档了解快速傅里叶变换函数 fft 的用法与功能,并利用它进行傅里叶变换的一种常见应用——频谱分析。

12.2   相关命令

本章涉及的新的 MATLAB 命令。

(1) symsum:级数的和。用法如下:

- F＝symsum(f,k,a,b):从下界 a 到上界 b 返回级数 f 对求和阶数 k 求和。如果不指定 k,symsum 将使用由 symvar 确定的变量作为求和阶数。如果 f 是常数,那么默认变量是 x。
- symsum(f,k,[a b])或 symsum(f,k,[a;b])等价于 symsum(f,k,a,b)。
- F＝symsum(f,k):返回级数 f 关于求和阶数 k 的不定和(反差分)。f 定义了这个级数,使得不定和 f 满足 F(k+1)-F(k)=f(k)的关系。如果不指定 k, symsum 将使用由 symvar 确定的变量作为求和阶数。如果 f 是常数,那么默认变量是 x。

(2) strcat:水平串联字符串。用法如下:

- s＝strcat(s1,…,sN):水平串联 s1,…,sN。每个输入参数都可以是字符数组、字符向量元胞数组或字符串数组。如果任一输入是字符串数组,则结果是字符串数组;如果任一输入是字符向量元胞数组,并且没有输入字符串数组,则结果是字符向量元胞数组;如果所有输入都是字符数组,则结果是字符数组。对于字符数组输入,strcat 会删除尾随的 ASCII 空白字符:空格、制表符、垂直制表符、换行符、回车和换页符。对于元胞数组和字符串数组输入,strcat 不删除尾随空白字符。

(3) fft:快速傅里叶变换。用法如下:

- Y＝fft(X):用快速傅里叶变换(FFT)算法计算 X 的离散傅里叶变换(DFT)。

  如果 X 是向量,则 fft(X)返回该向量的傅里叶变换。

  如果 X 是矩阵,则 fft(X)将 X 的各列视为向量并返回每列的傅里叶变换。

  如果 X 是一个多维数组,则 fft(X)将沿大小不等于 1 的第一个数组维度的值视为向量并返回每个向量的傅里叶变换。

- Y＝fft(X,n):返回 n 点 DFT。如果未指定任何值,则 Y 的大小与 X 相同。

  如果 X 是向量且 X 的长度小于 n,则为 X 补上尾零以达到长度 n。

  如果 X 是向量且 X 的长度大于 n,则对 X 进行截断以达到长度 n。

如果 X 是矩阵,则每列的处理与向量情况相同。

如果 X 为多维数组,则大小不等于 1 的第一个数组维度的处理与向量情况相同。

- Y＝fft(X,n,dim)：返回沿维度 dim 的傅里叶变换。例如,如果 X 是矩阵,则 fft(X,n,2)返回每行的 n 点傅里叶变换。

12.3　常数项级数的计算

本章最基础的部分是理解什么是级数,并会计算一些简单的级数的和。在 MATLAB 中,可以通过 symsum 函数实现这一点。

首先用 syms 函数定义 k 与 n,那么 symsum 函数则可以计算用 k 表示的通式在自变量遍历某一段区间的总和。

为了更好地理解 symsum 的用法,可以在 MATLAB 中先做几个小实验：

定义：syms k n

输入：	输出：
symsum(k)	k^2/2 − k/2
symsum(k,0,n−1)	(n * (n − 1))/2
symsum(k,0,n)	(n * (n + 1))/2
symsum(k^2,0,n)	(n * (2 * n + 1) * (n + 1))/6
expand(symsum(k^2,0,n))	n^3/3 + n^2/2 + n/6
symsum(k^2,0,10)	385
symsum(k^2,[0,10])	385
symsum(k^2,11,10)	0
symsum(1/k^2)	− psi(k, 1)
symsum(1/k^2,1,Inf)	pi^2/6

其中,expand 表示将含括号的多项式拆开,化为单项式之和；psi 表示 Ψ 函数,也称为双 γ 函数,是 gamma 函数的对数导数；Inf 表示正无穷大。

下面以例题来展示如何运用 symsum 函数计算简单的级数的和。

例 12-1　计算等比级数的和。

解：

```
syms a q k
symsum(a * q^k,k,0,Inf)
```

运行程序,得到如下结果：

$$
ans = \begin{cases} a\infty & \text{if } 1 \leqslant q \\ -\dfrac{a}{q-1} & \text{if } |q| < 1 \end{cases}
$$

可见该函数很好地解决了等比级数求和问题,并且做出了分类:当 $q \geqslant 1$ 时,和为正无穷大乘以 a,与 a 的符号有关;当 $|q|<1$ 时,和为 $\dfrac{a}{1-q}$。同时可以理解的是,只要通过 symsum 函数能够算出某级数的和,且为有限量,那么它必然是收敛的;若该和与 Inf 有关或表示为 NaN,那么它就是一个发散级数。

例 12-2 证明级数 $1+2+3+\cdots+n+\cdots$ 是发散的。

解:

```
syms k
symsum(k,k,1,Inf)
```

运行程序,得到如下结果:

ans = ∞

说明该级数是发散的。

例 12-3 判定无穷级数 $\dfrac{1}{1 \cdot 2}+\dfrac{1}{2 \cdot 3}+\cdots+\dfrac{1}{n \cdot (n+1)}+\cdots$ 的收敛性。

解:

```
syms k
symsum(1/(k * (k + 1)),k,1,Inf)
```

运行程序,得到如下结果:

ans = 1

也就是说该级数收敛且和为 1。可以看出面对简单的级数和与收敛性问题,只用一个 symsum 函数就完全可以解决。

12.4 常数项级数的审敛法

在上一节中,了解到了 symsum 函数可以计算常数级数和,在本节将继续用该函数来判断级数的审敛性。

例 12-4 讨论 p 级数的收敛性。

解:

```
syms p k
symsum(1/k^p,k,1,Inf)
```

运行程序，得到如下结果：

ans = {ξ(p) if 1 < real(p)}

尝试按之前的做法，发现答案比较奇怪。仅讨论 p 为实数时，知道当 p 大于 1 时级数收敛，而 zeta 函数在 MATLAB 里表示黎曼 zeta 函数，事实上就是当 p 为实数时的 p 级数。也就是说，symsum 函数只是起到了转换表达方式的作用，并没有起到计算的功能，也不能进一步地确切地说明 p 级数是否收敛。

不过，通过教材上的方法得到 p 级数的收敛性后，可以将其他级数与 p 级数作比较，利用极限形式比较审敛法：

设 $\sum\limits_{n=1}^{+\infty} u_n$ 为正项级数，

（1）如果 $\lim\limits_{n\to\infty} nu_n = l > 0$（或 $\lim\limits_{n\to\infty} nu_n = +\infty$），那么级数 $\sum\limits_{n=1}^{+\infty} u_n$ 发散；

（2）如果 $p > 1$，而 $\lim\limits_{n\to\infty} n^p u_n = l(0 \leqslant l < +\infty)$，那么级数 $\sum\limits_{n=1}^{+\infty} u_n$ 收敛。

这样就可以判断级数的收敛情况。具体实现脚本为：

```
% % 输入通项
syms n f p;
f = f(x);
% % 审敛
if limit(n * f, n, Inf) > 0
    fprintf("级数发散")
else
    if limit(n^(1 + 1e - 10) * f, n, Inf) >= 0 && isfinite(limit(n^(1 + 1e - 10) * f, n, Inf)) == 1
    fprintf("级数收敛")
    else
    fprintf("无法用本方法判断该级数收敛性")
    end
end
```

把通项 f 用 n 的表达式来表示，就可以判断级数的收敛性了，其中 isfinite 函数能够判断某值是否为有限值，若有限则输出逻辑值 1；无限/NaN 则输出 0。1e−10 指 10^{-10}，表示非常小的数，这是因为通过（2）可以判断 p 越接近 1 越有可能满足条件。

例 12-5 证明级数 $\sum\limits_{n=1}^{+\infty} \dfrac{1}{\sqrt{n(n+1)}}$ 是发散的。

解：

```
% 输入通项
syms n f p;
f = 1/sqrt(n * (n + 1));
```

```
% 审敛
if limit(n * f,n,Inf) > 0
    fprintf("级数发散")
else
    if limit(n^(1 + 1e - 10) * f,n,Inf) >= 0&&isfinite(limit(n^(1 + 1e - 10) * f,n,Inf)) == 1
    fprintf("级数收敛")
    else
    fprintf("无法用本方法判断该级数收敛性")
    end
end
```

运行程序,得到如下结果:

级数发散

利用之前编写的脚本,将 f 表示为 $1/\mathrm{sqrt}(n*(n+1))$,运行脚本,得到该级数是发散的。同样地,可以编写使用比值审敛法与根值审敛法判断级数收敛性的脚本,这里以比值审敛法为例。读者可以自己尝试编写根值审敛法的脚本。

例 12-6 判断级数 $\sum\limits_{n=1}^{+\infty} \dfrac{1}{(n-1)!}$ 的收敛性。

解:

```
% 输入通项
syms n f1 f2;
f1 = 1/factorial(n - 1);
f2 = subs(f1,n,n + 1);
% 审敛
l = limit(f2/f1,n,Inf);
if l > 1
    fprintf("级数发散")
else
    if l < 1
        fprintf("级数收敛")
    else
        fprintf("无法用本方法判断该级数收敛性")
    end
end
```

运行程序,得到如下结果:

级数收敛

其中 subs 起到复制的作用,把 f2 作为 f1 的副本的同时,将 n 替换为 n+1。

根据绝对收敛必定收敛的定理,便可以通过判断正项级数收敛性的脚本解决绝大多数问题,为此只需对之前的脚本做一些改进。

12.5 幂级数

将常数项级数的概念扩展至函数项级数后，便引入了一个新的简单而常见的概念——幂级数。通过教材知识的学习，可以知道幂级数有收敛域，在收敛域内它会收敛于某一和函数。通过 MATLAB 可以很容易地求出幂级数的收敛半径进而判断出收敛域。

例 12-7 求幂级数 $x - \dfrac{x^2}{2} + \dfrac{x^3}{3} - \cdots + (-1)^{n-1}\dfrac{x^n}{n} + \cdots$ 的收敛半径与收敛域。

解：

```
% 输入通项
syms n x an an1;
an = (-1)^(n-1)^n/n;
an1 = subs(an,n,n+1);
% 判断收敛半径
l = limit(abs(an1/an),n,Inf);
R = 1/l
% 判断收敛域
if isfinite(symsum(an * R^n,n,1,Inf)) == 1
    Right = 1;
else
    Right = 0;
end
if isfinite(symsum(an * (-R)^n,n,1,Inf)) == 1
    Left = 1;
else
    Left = 0;
end
% 输出收敛域
if Left == 1
    s = '[';
else
    s = '(';
end
s = strcat(s,num2str(double(-R),'%d,'),num2str(double(R),'%d'));
if Right == 1
    s = strcat(s,']');
else
    s = strcat(s,')');
end
fprintf(s);
```

运行程序，得到如下结果：

```
R = 1
[ - 1,1)
```

事实上,对于简单的幂级数,完全可以仅通过 symsum 函数判断它的性质,既可以了解它的收敛域,又能够知晓它在收敛域内的和函数。

例 12-8 求幂级数 $\displaystyle\sum_{n=0}^{\infty} \frac{x^n}{n+1}$ 的和函数。

解:

```
syms x n
symsum(x^n/(n+1),n,0,Inf)
```

运行程序,得到如下结果:

$$\text{ans} = \begin{cases} \infty & 1 \leqslant x \\ -\dfrac{\log(1-x)}{x} & |x| \leqslant 1 \wedge x \neq 1 \end{cases}$$

由此可以看到,该级数的收敛域为 $[-1,1)$,并且它的和函数为 $-\dfrac{\ln(1-x)}{x}$。特别地,由和函数的连续性可以得到其在 $x=0$ 处取 1。

12.6 傅里叶级数

这节将学习如何通过 MATLAB 将函数展开为傅里叶级数。根据教材中的操作步骤,以 $f(x)=x$ 为例将其展开,实现代码为:

```
% % 参数定义
syms x n;
f = x;
n2 = 5;
A = zeros(2,n2);
f1 = int(f * cos(n * x), - pi,pi);
f2 = int(f * sin(n * x), - pi,pi);
f3 = 0;
% % 计算傅里叶系数
a0 = int(f, - pi,pi)/pi;
for idx = 1:n2
    A(1,idx) = int(f * cos(idx * x)/pi, - pi,pi);
    A(2,idx) = int(f * sin(idx * x)/pi, - pi,pi);
end
% % 打印结果
s = 'f(x) = ';
```

```
if (a0 ~ = 0)
    s = strcat(s,num2str(a0/2,'%g + '));
else
    a0 = 0;
end
if A(1,1) ~ = 0
    s = strcat(s,num2str(A(1,1),'%g * cos(x) + '));
else
    A(1,1) = 0;
end
if A(2,1) ~ = 0
    s = strcat(s,num2str(A(2,1),'%g * sin(x) + '));
else
    A(2,1) = 0;
end
for idx = 2:n2
    if A(1,idx) ~ = 0
        s = strcat(s,num2str(A(1,idx),'%g * '),num2str(idx,'cos( %gx) + '));
    else
        A(1,idx) = 0;
    end
    if A(2,idx) ~ = 0
        s = strcat(s,num2str(A(2,idx),'%g * '),num2str(idx,'sin( %gx) + '));
    else
        A(2,idx) = 0;
    end
end
s = strcat(s,'...');
fprintf(s);
```

运行程序,得到如下结果:

$$f(x) = 2 * sin(x) - 1 * sin(2x) + 0.666667 * sin(3x) - 0.5 * sin(4x) + 0.4 * sin(5x) + \cdots$$

```
% % 画图检验
fplot(f,[ - pi,pi]);
for idx = 1:n2
    f3 = f3 + A(1,idx) * cos(idx * x) + A(2,idx) * sin(idx * x);
end
hold on;
fplot(f3 + a0/2,[ - pi,pi],' -- r');
xlabel('x'), ylabel('f');
title(['n 为',num2str(n2)])
legend('原函数', '傅里叶级数')
hold off
```

运行程序,得到如图 12-1 所示的检验图(对照图)。

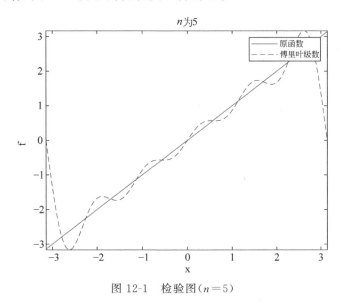

图 12-1　检验图($n=5$)

进一步地,考查将 n 提高后的结果(只打印图片),如图 12-2 所示。

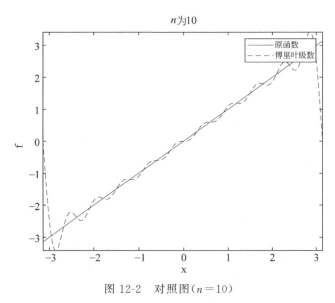

图 12-2　对照图($n=10$)

可以看出通过教材中的方法能够实现将函数展开为傅里叶级数,且精度随 n 的增大而提高。不过善于思考的读者可以发现,对于某些分段函数(如方波,是一种非正弦曲线的波形)无法用统一的表达式表达 f,无法输入该脚本也无法求定积分。特定的分段函数可以使用 polyfit 与 polyval 函数拟合为多项式函数,但方波显然是难以较好地拟合为多项式函数的。为此需要使用数值积分函数 integral(会导致精确度降低)。

例 12-9 设 $f(x)$ 是周期为 2π 的周期函数，它在 $[-\pi, \pi)$ 上的表达式为 $f(x) = \begin{cases} -1, & -\pi \leqslant x < 0 \\ 1, & 0 \leqslant x < \pi \end{cases}$，将 $f(x)$ 展开为傅里叶级数。

解：

```
% 参数定义
syms n x;
f = @(x)square(x);
n2 = 10;
A = zeros(2, n2);
f0 = 0;
x0 = - pi:0.01:pi;
% 计算傅里叶系数
a0 = integral(@(x)f(x)./pi, - pi,pi);
for idx = 1:n2
    A(1,idx) = integral(@(x)f(x). * cos(idx. * x)./pi, - pi,pi);
    A(2, idx) = integral(@(x)f(x). * sin(idx. * x)./pi, - pi,pi);
end
% 打印结果
s = 'f(x) = ';
if abs(a0)>= 1e - 10
    s = strcat(s,num2str(a0/2,'%g + '));
else
    a0 = 0;
end
if abs(A(1,1))>= 1e - 10
    s = strcat(s,num2str(A(1,1),'%g * cos(x) + '));
else
    A(1,1) = 0;
end
if abs(A(2,1))>= 1e - 10
    s = strcat(s,num2str(A(2,1),'%g * sin(x) + '));
else
    A(2,1) = 0;
end
for idx = 2:n2
    if abs(A(1,idx))>= 1e - 10
        s = strcat(s,num2str(A(1,idx),'%g * '),num2str(idx,'cos( %gx) + '));
    else
        A(1,idx) = 0;
    end
    if abs(A(2,idx))>= 1e - 10
        s = strcat(s,num2str(A(2,idx),'%g * '),num2str(idx,'sin( %gx) + '));
    else
```

```
        A(2,idx) = 0;
    end
end
s = strcat(s,'...');
fprintf(s);
% 画图检验
plot(x0,f(x0));
for idx = 1:n2
    f0 = f0 + A(1,idx) * cos(idx * x) + A(2,idx) * sin(idx * x);
end
hold on
fplot(f0 + a0/2,[ - pi,pi]);
xlabel('x'), ylabel('f');
hold off
```

运行程序,得到如下结果:

f(x) = 1.27324 * sin(x) + 0.424413 * sin(3x) + 0.254648 * sin(5x) + 0.181891 * sin(7x) + 0.141471 * sin(9x) + ⋯

得到的检验图(对照图)如图 12-3 所示。

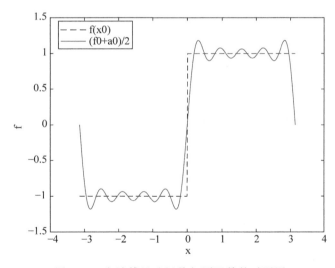

图 12-3 方波傅里叶级数与原函数的对照图

其中@是 MATLAB 中函数句柄的符号,在 integral 函数中用到。可以在函数名称前添加一个@符号来为函数创建句柄。

由于 integral 函数并不精确,会有极小的偏差,导致有些值为零的数值变为极小但非零($1e-17$ 等),为此需要修改一些判断条件,在脚本中有体现。

本题利用了 square 函数,而对于一般的分段函数,如 $f(x) = \begin{cases} x, & -\pi \leqslant x < 0 \\ 0, & 0 \leqslant x < \pi \end{cases}$,可以通

过 f＝@(x)(x<0).＊x;实现,其中利用了在条件为 True 时逻辑值为 1,为 False 时逻辑值为 0 的特点。同时,使用逻辑值进行乘、除、幂运算时符号前要加"."。但在之前的脚本中,如果不使用@符号,是不能按这种方法实现的,感兴趣的读者可以尝试一下。

12.7　一般周期函数的傅里叶级数

一般周期函数的周期不一定是 2π,不过通过教材上的定理,很容易发现只需修改一小部分脚本就能够实现将周期不为 2π 的函数展开为傅里叶级数。

例 12-10　设 $f(x)$ 是周期为 4 的周期函数,它在 $[-2,2)$ 上的表达式为 $f(x)=\begin{cases}0, & -2\leqslant x<0 \\ 1, & 0\leqslant x<2\end{cases}$,将 $f(x)$ 展开成傅里叶级数。

解:

```matlab
% 参数定义
syms n x;
f = @(x)(x>=0);
n2 = 10;
l = 2;
A = zeros(2,n2);
f0 = 0;
x0 = -1:0.01:1;
% 计算傅里叶系数
a0 = integral(@(x)f(x)./l,-1,1);
for idx = 1:n2
    A(1,idx) = integral(@(x)f(x).*cos(idx.*x.*pi/l)./l,-1,1);
    A(2,idx) = integral(@(x)f(x).*sin(idx.*x.*pi/l)./l,-1,1);
end
% 打印结果
s = 'f(x) = ';
if abs(a0)>=1e-10
    s = strcat(s,num2str(a0/2,'%g + '));
else
    a0 = 0;
end
for idx = 1:n2
    if abs(A(1,idx))>=1e-10
        s = strcat(s,num2str(A(1,idx),'%g * '),num2str(idx*pi/l,'cos( %gx) + '));
    else
        A(1,idx) = 0;
    end
    if abs(A(2,idx))>=1e-10
        s = strcat(s,num2str(A(2,idx),'%g * '),num2str(idx*pi/l,'sin( %gx) + '));
```

```
        else
            A(2,idx) = 0;
        end
    end
s = strcat(s,'...');
fprintf(s);
% 画图检验
plot(x0,f(x0));
for idx = 1:n2
    f0 = f0 + A(1,idx) * cos(idx * x * pi/l) + A(2,idx) * sin(idx * x * pi/l);
end
hold on
fplot(f0 + a0/2,[-l,l]);
xlabel('x'), ylabel('f');
hold off
```

运行程序,得到如下结果:

f(x) = 0.5 + 0.63662 * sin(1.5708x) + 0.212207 * sin(4.71239x) + 0.127324 * sin(7.85398x) + 0.0909457 * sin(10.9956x) + 0.0707355 * sin(14.1372x) + …

得到的检验图(对照图)如图 12-4 所示。

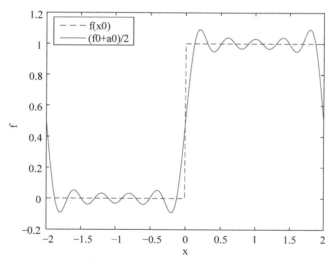

图 12-4　函数 $f(x)$ 展开所得傅里叶级数与原函数的对照图

由此得到了一般周期函数傅里叶级数展开的方法,进一步地,还可以将其展开为傅里叶级数的复数形式,而且也很容易用 MATLAB 实现,只需要做一些小小的改动就可以了,感兴趣的读者可以尝试一下。

12.8 拓展内容：傅里叶变换的应用——频谱分析

将周期函数展开为傅里叶级数，是将其展开为一个个频率离散的三角函数之和，而傅里叶变换则能够将一个一般函数展开为频率连续的三角函数之和。MATLAB 内置的函数 fft(x)能够实现用快速傅里叶变换计算 X 的离散傅里叶变换。如果 X 是向量，则 fft(X)返回该向量的傅里叶变换。如果 X 是矩阵，则 fft(X)将 X 的各列视为向量并返回每列的傅里叶变换。如果 X 是一个多维数组，则 fft(X)将沿大小不等于 1 的第一个数组维度的值视为向量并返回每个向量的傅里叶变换。

快速傅里叶变换最常见的一个应用便是频谱分析，以 MATLAB 自带的一个例子"使用傅里叶变换求噪声中隐藏信号的频率分量"来考查其用法与功能。

首先需要定义信号的参数，采样频率为 1kHz，信号持续时间为 1.5 秒：

```
Fs = 1000;              % 采样频率
T = 1/Fs;               % 采样周期
L = 1500;               % 信号长度
t = (0:L−1) * T;        % 持续时间
```

接下来构造一个信号，包含幅值为 0.7 的 50Hz 正弦量和幅值为 1 的 120Hz 正弦量：

```
S = 0.7 * sin(2 * pi * 50 * t) + sin(2 * pi * 120 * t);
```

再用均值为零、方差为 4 的白噪声干扰该信号：

```
X = S + 2 * randn(size(t));
```

接下来绘制该噪声信号：

```
plot(1000 * t(1:50),X(1:50))
title('被零均值随机噪声污染的信号')
xlabel('时间 t/毫秒')
ylabel('X(t)')
```

运行程序，得到如图 12-5 所示的噪声信号。

通过查看信号 $X(t)$ 很难确定原信号 $S(t)$ 的频率分量，而通过 fft 函数进行傅里叶变换后，将能够把该信号分解为无穷多个不同频率的三角函数和。可以猜想由于白噪声分解后的频率应是均匀随机的，而原信号分解后的频率应以其频率分量为主，这样就能够通过分解该信号得到原信号的频率分量。为此，可以尝试对信号进行傅里叶变换：

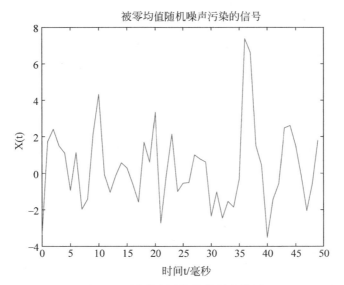

图 12-5　被噪声污染的信号变化图

```
Y = fft(X);
```

接下来计算双侧频谱 $P2$，然后基于 $P2$ 和偶数信号长度 L 计算单侧频谱 $P1$：

```
P2 = abs(Y/L);
P1 = P2(1:L/2 + 1);
P1(2:end − 1) = 2 * P1(2:end − 1);
```

$P2$ 处要将 Y/L 的原因可以参考 fft 函数的帮助文档中的详细信息：

Y＝fft(X) 和 X＝ifft(Y) 分别实现傅里叶变换和逆傅里叶变换，对于长度 n 的 X 和 Y，这些变换定义如下：

$$Y(k) = \sum_{j=1}^{n} X(j) W_n^{(j-1)(k-1)}$$

$$X(j) = \frac{1}{n} \sum_{k=1}^{n} Y(k) W_n^{-(j-1)(k-1)}$$

其中，$W_n = \mathrm{e}^{-\frac{2\pi i}{n}}$ 为 n 次单位根之一。

可见，fft 函数直接计算出的 $Y(k)$ 并不是振幅谱，观察 $X(j)$ 的公式，对应的幅值为 $Y(k)/N$，因此可以得出需要将 fft 得到的结果除以信号长度 L。

由于经过傅里叶变换后得到的频谱是对称的（一半是信号的负频率），只需要考查单侧频谱，$P1$ 只需取 $P2$ 的前半部分。进一步地，由于对称的频率幅值相同，取好单侧频谱后需要对幅值进行翻倍。

接下来,定义频域 f 并绘制单侧振幅谱 $P1$:

```
f = Fs * (0:(L/2))/L;
plot(f,P1)
title('X(t)单侧振幅谱')
xlabel('f (Hz)')
ylabel('|P1(f)|')
```

运行程序,得到如图 12-6 所示的频域 f 的单侧振幅谱。

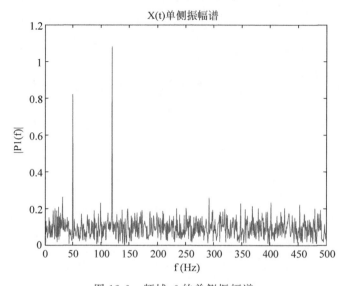

图 12-6　频域 f 的单侧振幅谱

基本与猜想相符,不过由于增加了噪声,幅值并不精确等于 0.7 和 1。一般情况下,较长的信号会产生更好的频率近似值。

接下来尝试将原信号进行傅里叶变换,检索精确幅值 0.7 和 1.0,与之前步骤基本相同:

```
Y = fft(S);
P2 = abs(Y/L);
P1 = P2(1:L/2+1);
P1(2:end-1) = 2 * P1(2:end-1);
plot(f,P1)
title('S(t)单侧振幅谱')
xlabel('f (Hz)')
ylabel('|P1(f)|')
```

运行程序,得到如图 12-7 所示的原信号傅里叶变换后的单侧振幅谱。

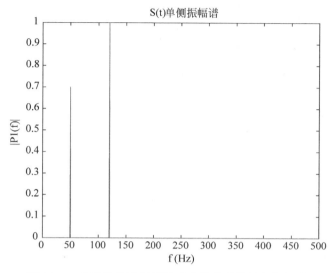

图 12-7　对原信号进行傅里叶变换所得的单侧振幅谱

可以看到,通过 fft 函数对噪声信号进行傅里叶变换,能够较好地得到原噪声中隐藏的信号的频率分量。频谱分析是该函数的一个常见应用,其他的应用有兴趣的读者可以在参考文档中进一步了解。

12.9　上机实践

1. 输入命令判断调和级数的收敛性。

2. 通过 $\gamma = \lim\limits_{n \to +\infty} 1 + \dfrac{1}{2} + \cdots + \dfrac{1}{n} - \ln n$ 了解欧拉常数在 MATLAB 中的表示方法。

3. 判断 $1 + \dfrac{1}{2} - \dfrac{1}{3} + \dfrac{1}{4} + \dfrac{1}{5} - \dfrac{1}{6} + \cdots$ 的收敛性。

4. 编写利用根值审敛法判断级数收敛性的脚本 $\left(\text{以} \sum\limits_{n=1}^{+\infty} \dfrac{2 + (-1)^n}{2^n} \text{为例}\right)$。

5. 求 $\sum\limits_{n=1}^{+\infty} \dfrac{x^{4n+1}}{4n+1}$ 的和函数。

6. 将函数 $f(x) = \begin{cases} e^x, & -\pi \leqslant x < 0 \\ 1, & 0 \leqslant x < \pi \end{cases}$ 展开成傅里叶级数。

7. 将函数 $f(x) = \begin{cases} -\dfrac{\pi}{2}, & -\pi \leqslant x < -\dfrac{\pi}{2} \\ x, & -\dfrac{\pi}{2} \leqslant x < \dfrac{\pi}{2} \\ \dfrac{\pi}{2}, & \dfrac{\pi}{2} \leqslant x < \pi \end{cases}$ 展开成傅里叶级数。

8. 将函数 $f(x)=\begin{cases}\cos x, & 0\leqslant x<\dfrac{\pi}{2}\\[2mm]0, & \dfrac{\pi}{2}\leqslant x\leqslant\pi\end{cases}$ 分别展开成正弦级数和余弦级数。

9. 更改并简化将一般周期函数展开为傅里叶级数的脚本，使得输出为复数形式，以

$$f(x)=\begin{cases}0, & -3\leqslant x<-1\\1, & -1\leqslant x\leqslant 1\\0, & 1<x\leqslant 3\end{cases}$$

为例。

10. 将 $f(x)=1-x^2\left(-\dfrac{1}{2}\leqslant x<\dfrac{1}{2}\right)$ 展开为傅里叶级数。

数学模型是指"对于现实世界的某一特定对象，为了某个特定目的，做出一些重要的简化和假设，运用适当的数学工具得到的一个数学结构，它或者能解释特定现象的现实性态；或者能预测对象的未来状况；或者能提供处理对象的最优决策或控制。"这个表述告诉我们，数学模型的对象是现实世界中的实际问题，数学模型本身是一个数学结构，它可以是一个式子，也可以是一种图表。数学模型的作用或目的是对现象进行解释、预测、提供决策或控制。而建立数学模型的过程叫作数学建模。

高等数学作为一门高等教育阶段的数学基础学科有其固有的特点，这就是高度的抽象性、严密的逻辑性和广泛的应用性。抽象性和计算性是数学最基本、最显著的特点——有了高度抽象和统一，才能深入地揭示其本质规律，才能使之得到更广泛的应用。微积分是高等数学的主体内容，是人类两千年智慧的结晶，它的形成和发展直接得益于物理学、天文学、几何学等研究领域的进展和突破，同时又促进这些学科的进一步发展，促进这些学科的发展的主要方式就是帮助这些学科建立数学模型。

高等数学强调理论的系统性，结构的严密性，而轻视了基本概念的实际背景，实际意义的解释，割裂了微积分与外部世界的密切联系，没能充分显示微积分的巨大生命力与应用价值，使学生学了一大堆的定义、定理和公式，却不知道如何应用于实际问题。而数学建模是运用数学的思想、方法和手段，对实际问题进行抽象和合理假设，创造性地建立起反映实际问题的数量关系，即数学模型，然后运用数学方法辅以计算机等设备对模型加以求解，再返回到实际中去解释、分析实际问题，并根据实际问题的反馈结果对数学模型进行验证、修改、并逐步完善，为人们解决实际问题提供科学依据和手段。因此数学模型是把数学与客观实际问题联系起来的纽带，是沟通现实世界与数学世界的桥梁，是解决实际问题的强力工具。然而在实践中能够直接运用数学知识去解决实际问题的情况还是很少的，而且对于如何使用数学语言来描述所面临的实际问题也往往不是轻而易举的，而使用数学知识解决实际问题的第一步就是要从实际问题的看起来杂乱无章的现象中抽象出恰当的数学关系，即数学模型，数学模

第13章 高等数学数学建模方法

型的组建过程不仅要进行演绎推理而且还要对复杂的现实情况进行归纳、总结和提炼，这是一个归纳、总结和演绎推理相结合的过程。

　　数学建模和高等数学有各自的独到之处，且有着相辅相成的作用。因此，在学习高等数学的时候，如果能结合数学建模方法锻炼高等数学的建模能力，必然有助于高等数学的学习和高等数学的应用能力。

　　高等数学在数学建模中的主要作用是其微分思想，其模型的主要呈现形式是微分方程，通常通过高等数学的建模方法得到的模型又称为微分方程模型。微分方程建模包括常微分方程建模、偏微分方程建模、差分方程建模及其各种类型的方程组建模。微分方程建模对于许多实际问题的解决是一种极有效的数学手段，对于现实世界的变化，其规律一般可以用微分方程或方程组表示，微分方程建模适用的领域比较广，涉及生活中的诸多行业，其中的连续模型适用于常微分方程和偏微分方程及其方程组建模，离散模型适用于差分方程及其方程组建模。本章主要介绍几个经典的用微分方程建立的模型，让读者感知高等数学的应用价值，同时用 MATLAB 对模型进行求解，解决复杂微分方程的计算问题，感知强大的科学计算工具对应用数学的促进作用。

13.1　微积分基本建模方法

　　下面简要介绍利用微分方程建立数学模型的几种方法。

1. 等量关系法

　　仔细分析问题，找出其中的等量关系并建立等量关系的数学模型。例如在光学中，旋转抛物面能使放在焦点处的光源经镜面反射后成为平行光线，这一性质就是利用了入射角等于反射角这一等量关系而建立微分方程模型后得到的。

2. 基本定律法

　　利用高等数学里常用的基本定律、基本公式建立数学模型。例如从几何观点看，曲线 $y=f(x)$ 上某点的切线斜率即函数 $y=f(x)$ 在该点的导数；力学中的牛顿第二运动定律 $F=ma$，其中加速度 a 就是位移对时间的二阶导数，也是速度对时间的一阶导数等。从这些知识出发就可以建立相应的微分方程模型。

　　例如在动力学中，如何保证高空跳伞者安全的问题。对于高空下落的物体，可以利用牛顿第二运动定律建立其微分方程模型，设物体质量为 m，空气阻力系数为 k，在速度不太大的情况下，空气阻力近似与速度的平方成正比；设 t 时刻物体的下落速度为 v，初始条件为 $v_0=0$，由牛顿第二运动定律建立其微分方程模型：

$$m\frac{\mathrm{d}v}{\mathrm{d}t}=mg-kv^2$$

求解模型可得

$$v = \frac{\sqrt{mg}\left[\exp\left(2t\sqrt{\dfrac{kg}{m}}\right) - 1\right]}{\sqrt{k}\left[\exp\left(2t\sqrt{\dfrac{kg}{m}}\right) + 1\right]}$$

由上式可知,当 $t \to +\infty$ 时,物体具有极限速度

$$v_1 = \lim_{t \to +\infty} v = \sqrt{\frac{mg}{k}}$$

其中,阻力系数 $k = \alpha \rho s$,α 为与物体形状有关的常数,ρ 为介质密度,s 为物体在地面上的投影面积。根据极限速度求解公式,在 m、α、ρ 一定时,要求落地速度 v_1 不是很大时,可以确定 s,从而设计出保证跳伞者安全的降落伞的直径。

3. 导数定义法

导数是微积分中的一个重要概念,其定义为

$$f'(x) = \lim_{\Delta x \to 0} \frac{f(x + \Delta x) - f(x)}{\Delta x} = \lim_{\Delta x \to 0} \frac{\Delta y}{\Delta x}$$

商式 $\dfrac{\Delta y}{\Delta x}$ 表示单位自变量的改变量对应的函数改变量,就是函数的瞬时平均变化率,其极限值就是函数的变化率。函数在某点的导数,就是函数在该点的变化率。由于一切事物都在不停地发展变化,变化就必然有变化率,由于变化率是普遍存在的,因而导数也是普遍存在的。这就很容易将导数与实际联系起来,建立描述研究对象变化规律的微分方程模型。

例如,在考古学中,为了测定某种文物的绝对年龄,可以考查其中的放射性物质(如镭、铀等),已经证明其裂变速度(单位时间裂变的质量,即其变化率)与其存余量成正比。假设 t 时刻该放射性物质的存余量 R 是 t 的函数,由裂变规律,可以建立微分方程模型:

$$\frac{\mathrm{d}R}{\mathrm{d}t} = -kR$$

其中,k 是一正的比例常数,与放射性物质本身有关。求解该模型,解得 $R = Ce^{-kt}$,其中 C 是由初始条件确定的常数。从这个关系式出发,就可以测定某文物的绝对年龄(参考碳定年代法)。另外,在经济学领域中,导数概念有着广泛的应用,将各种函数的导函数(即函数变化率)称为该函数的边际函数,从而得到经济学中的边际分析理论。

4. 微元法

一般地,如果某一实际问题中所求的变量 p 符合下列条件:p 是与一个变量 t 的变化区间 $[a, b]$ 有关的量;p 对于区间 $[a, b]$ 具有可加性;部分量 Δp_i 的近似值可表示为 $f(\xi_i)\Delta t_i$。那么就可以考虑利用微元法来建立微分方程模型。其步骤是:首先根据问题的具体情况,选取变量 t 为自变量并确定其变化区间 $[a, b]$;在区间 $[a, b]$ 中随机选取一个任意小的区间并记作 $[t, t + \mathrm{d}t]$,求出相应于这个区间的部分量 Δp 的近似值。如果 Δp 能近似地表示为 $[a, b]$ 上的一个连续函数在 t 处的值 $f(t)$ 与 $\mathrm{d}t$ 的乘积,就把 $f(t)\mathrm{d}t$ 称为量 p 的微元且记

作 dp，这样，就可以建立起该问题的微分方程模型：

$$dp = f(t)dt$$

对于比较简单的模型，两边积分就可以求解该模型。

例如，几何上求曲线的弧长、平面图形的面积、旋转曲面的面积、旋转体体积、空间立体体积；代数方面求近似值以及流体混合问题；物理上求变力做功、压力、平均值、静力矩与重心；这些问题都可以先建立它们的微分方程模型，然后求解其模型。

5．经典模型法

多年来，在各种领域里，人们已经建立起了一些经典的微分方程模型，熟悉这些模型后，就可以借鉴这些经典模型的建模思想建立针对新问题的数学模型。

13.2 导弹追踪模型

13.2.1 问题的描述

设位于坐标原点的甲舰向位于 x 轴上点 $A(1,0)$ 处的乙舰发射导弹，导弹头始终对准乙舰。如果乙舰以最大速度 v_0（常数）沿平行于 y 轴的直线行驶，导弹的速度是 $5v_0$，求导弹运行的曲线方程以及导弹击中时乙舰行驶的路程。

13.2.2 模型的建立与求解

记导弹的速度为 w，乙舰的速率恒为 v_0。设时刻 t 乙舰的坐标为 $(X(t),Y(t))$，导弹的坐标为 $(x(t),y(t))$。零时刻时，$(X(0),Y(0))=(1,0)$，$(x(0),y(0))=(0,0)$，建立微分方程模型：

$$\begin{cases} \dfrac{dx}{dt} = \dfrac{w}{\sqrt{(X-x)^2+(Y-y)^2}}(X-x) \\[3mm] \dfrac{dy}{dt} = \dfrac{w}{\sqrt{(X-x)^2+(Y-y)^2}}(Y-y) \end{cases}$$

因乙舰以速度 v_0 沿直线 $x=1$ 运动，设 $v_0=1,w=5,X=1,Y=t$，因此导弹运动轨迹的参数方程为：

$$\begin{cases} \dfrac{dx}{dt} = \dfrac{5}{\sqrt{(1-x)^2+(t-y)^2}}(1-x) \\[3mm] \dfrac{dy}{dt} = \dfrac{5}{\sqrt{(1-x)^2+(t-y)^2}}(t-y) \\[3mm] x(0) = 0 \\[1mm] y(0) = 0 \end{cases}$$

MATLAB 求解数值解程序如下：

（1）定义方程的函数形式。

```
function dy = eq2(t,y)
dy = zeros(2,1);
dy(1) = 5 * (1 - y(1))/sqrt((1 - y(1))^2 + (t - y(2))^2);
dy(2) = 5 * (t - y(2))/sqrt((1 - y(1))^2 + (t - y(2))^2);
end
```

（2）求解微分方程的数值解。

```
t0 = 0;
tf = 0.21;
[t,y] = ode45('eq2',[t0 tf],[0 0]);
X = 1;
Y = 0:0.001:0.21;
plot(X,Y,'-')
hold on
plot(y(:,1),y(:,2),'*')
hold on
x = 0:0.01:1;
y = -5 * (1 - x).^(4/5)/8 + 5 * (1 - x).^(6/5)/12 + 5/24;
plot(x,y,'r')
xlabel('x');
ylabel('y');
hold off
```

运行程序，得到如图 13-1 所示的导弹拦截路径图。

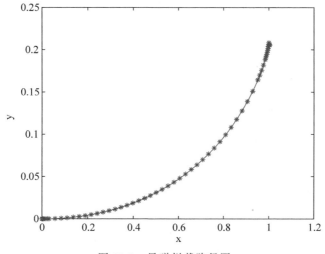

图 13-1　导弹拦截路径图

13.3　酒驾司机酒精含量模型

13.3.1　问题的描述

设警方对司机饮酒后驾车时血液中酒精含量的规定为不超过 80％（mg/ml）。现有一起交通事故,在事故发生 3 个小时后,测得司机血液中酒精含量是 56％（mg/ml）,又过 2 个小时,测得其酒精含量降为 40％（mg/ml）。试判断：事故发生时,司机是否违反了酒精含量的规定？

13.3.2　模型的建立

设 $x(t)$ 为 t 时刻血液中酒精的浓度,则在时间间隔 $[t,t+\Delta t]$ 内,酒精浓度的改变量 $\Delta x\approx x(t)\cdot\Delta t$,即

$$x(t+\Delta t)-x(t)=-kx(t)\Delta t$$

其中,$k>0$ 为比例常数,式前负号表示浓度随时间的推移是递减的,两边除以 Δt,并令 $\Delta t\to 0$,则得到

$$\frac{\mathrm{d}x}{\mathrm{d}t}=-kx$$

且满足 $x(3)=56$、$x(5)=40$ 以及 $x(0)=x_0$。

13.3.3　模型的求解

该模型是一个有初值条件的一阶微分方程,可以编写如下的求解程序：

```
clear
% 首先定义微分方程
syms k x(t) x0 C1
equD = diff(x,t) == -k*x
```

$$\mathrm{equD}(t)=\frac{\partial}{\partial t}x(t)=-kx(t)$$

```
% 用 dsolve 求通解
x(t) = dsolve(equD)
```

求得通解为 $x(t)=C_1\mathrm{e}^{-kt}$,代入 $x(0)=x_0$ 初值条件,得到参数的具体数值：

```
% 代入初值条件
equB1 = x(3) == 56;
equB2 = x(5) == 40;
equB3 = x(0) == x0;
% 联立求解三个方程可得 C4,x0,k 的取值
Solution = solve([equB1,equB2,equB3],[x0,C1,k]);
% 取有实际意义的解
k = double(Solution.k(imag(Solution.k) == 0))
```

$k = 0.1682$

```
x0 = double(Solution.x0(Solution.x0 > 0))
```

$x_0 = 92.7641$

这样就知道了酒精浓度变化的方程,并且可以绘制出酒精浓度随时间的变化趋势图。实现代码如下:

```
y = x0 * exp(-k*t);
fplot(y,[0,20])
xlabel('时间/h');
ylabel('酒精浓度/(mg/ml)');
```

运行程序,得到如图 13-2 所示的酒精浓度变化趋势图。

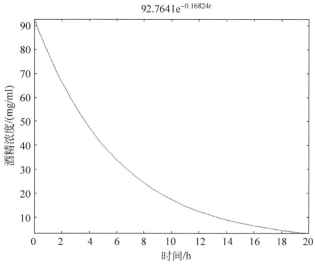

图 13-2　酒精浓度变化趋势图

由 $x_0 = 92.8 > 80$ 可以得知，事故发生时，司机血液中酒精浓度已超出规定。

13.4 铅球掷远模型

13.4.1 问题的描述

建立铅球掷远模型。不考虑阻力，设铅球初速度为 v，出手高度为 h，出手角度为 α（与地面夹角），建立投掷距离与 v、h、α 的关系式，并在 v、h 一定的条件下求最佳出手角度。

13.4.2 模型的建立与求解

铅球掷远示意图如图 13-3 所示。

在该坐标下铅球的运动方程为：

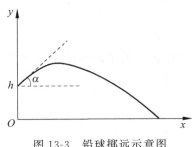

图 13-3 铅球掷远示意图

$$\begin{cases} \ddot{x} = 0 \\ \ddot{y} = -g \\ x(0) = 0 \\ y(0) = h \\ \dot{x}(0) = v\cos\alpha \\ \dot{y}(0) = v\sin\alpha \end{cases}$$

根据该组微分方程的表达形式，可以用 MATLAB 进行求解：

```
clear
% 建立各个运动方程
syms x(t) y(t) alpha_t vx(t) vy(t) R g v h
equM1 = diff(x,t,2) == 0;
equM2 = diff(y,t,2) == - g;
vx(t) = diff(x,t);
vy(t) = diff(y,t);
cond = [x(0) == 0,y(0) == h,vx(0) == v * cos(alpha_t),vy(0) == v * sin(alpha_t)];
[x(t),y(t)] = dsolve([equM1,equM2],cond)
```

$$x(t) = tv\cos(\alpha_t)$$

$$y(t) = -\frac{gt^2}{2} + v\sin(\alpha_t)t + h$$

```
t = solve(y(t) == 0,t)
```

$$t = \left[\begin{array}{c} \dfrac{\sqrt{v^2\sin(\alpha_t)^2+2gh}+v\sin(\alpha_t)}{g} \\ -\dfrac{\sqrt{v^2\sin(\alpha_t)^2+2gh}-v\sin(\alpha_t)}{g} \end{array} \right]$$

```
% 取有物理意义的 alpha_t 值
t = t(1);
% 由此得到 R 的解析式
R = subs(x(t))
```

$$R = \frac{v\cos(\alpha_t)\left(\sqrt{v^2\sin(\alpha_t)^2+2gh}+v\sin(\alpha_t)\right)}{g}$$

```
% 设定基础参数,求解实例
g = 10; % N/kg
h = 1.5; % m
v = 10; % m/s
% 求解 alpha_t 的最优值
R = subs(R);
equs = diff(R,alpha_t) == 0;
alpha_t = vpasolve(equs,alpha_t,rad2deg(pi/4))
```

alpha_t＝44.702291565615700102666441363568

```
alpha_t = round(double(alpha_t), 3)
```

alpha_t＝44.7020

```
% 代入参数数值,得到 R 的数值解
R = round(double(subs(R)),3)
```

$R＝11.4020$

所以,最佳的出手角度是 44.70 度,最远投掷距离为 11.40 米。

13.5　化学物质分解模型

13.5.1　问题的描述

在一种溶液中,化学物质 A 分解后形成 B,其浓度与未转换的 A 的浓度成比例。转换

A 的一半用了 20 分钟，把 B 的浓度 y 表示为时间的函数并作出图形。

13.5.2　基本假设

(1) 1 mol A 分解后产生 n mol B。
(2) 溶液的体积在反应过程中不变。

13.5.3　模型的建立与求解

记 B 的浓度为时间 t 的函数 $y(t)$，A 的浓度为 $x(t)$。由假设知，A 的消耗速度与 A 的浓度成比例，故下列方程成立

$$\frac{\mathrm{d}x}{\mathrm{d}t} = -kx$$

其中，k 为比例系数。

设反应开始时 $t=0$，A 的浓度为 x_0，由题中条件可知，当 $t=20$（分）时，A 的浓度为 $x(20) = \frac{1}{2}x_0$。

故可以建立如下带初值条件的模型：

$$\begin{cases} -\dfrac{\mathrm{d}x}{\mathrm{d}t} = kx \\ x(0) = x_0 \end{cases}$$

下面用 MATLAB 求解该模型：

```
syms x(t) k x0 t y(t) n
x = dsolve(diff(x) == -k*x , x(0) == x0)
```

$$x = x_0 \mathrm{e}^{-kt}$$

```
k = solve(x0*exp(-k*20) == 0.5*x0,k)
```

$$k = \frac{\log(2)}{20}$$

```
% A浓度的变化
x(t) = x0*exp(-k*t)
```

$$x(t) = x_0 \mathrm{e}^{-\frac{t\log(2)}{20}}$$

```
% B浓度的变化
y(t) = n*(x0 − x0*exp(−k*t))
```

$$y(t) = n(x_0 - x_0 e^{-\frac{t\log(2)}{20}})$$

B 的浓度 y 随时间的变化趋势如图 13-4 所示。

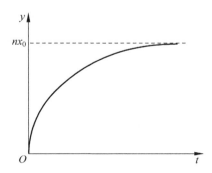

图 13-4　B 的浓度 y 随时间的变化趋势

13.6　车间空气清洁模型

13.6.1　问题的描述

某生产车间内有一台机器不断排出 CO_2，为了清洁车间里的空气，用一台鼓风机通入新鲜空气来降低车间空气中的 CO_2 含量，那么，上述做法的清洁效果如何呢？

这一问题是利用平衡原理来建模，即建立其微分方程模型。请注意，平衡原理在建立微分方程模型时常表现为区间 $[x, x+\Delta x]$ 上的微元形式：某个量在该区间上的增加量等于该区间段内进入量与迁出量的差。

13.6.2　问题分析与假设

清洁空气的原理是通过鼓风机通入新鲜的空气，其 CO_2 含量尽管也有但较低。新鲜空气与车间内空气混合后再由鼓风机排出室外，从而降低 CO_2 含量。

为讨论问题方便，假设通入的新鲜空气能与原空气迅速均匀混合，并以相同风量排出车间。

此问题中的主要变量及参数设为：

车间体积：V（单位：立方米）；

时间：t（单位：分钟）；

机器产生 CO_2 速度：r（单位：立方米/分钟）；

鼓风机风量：K（单位：立方米/分钟）；

新鲜空气中 CO_2 含量：$m\%$；

开始时刻车间空气中 CO_2 含量：$x_0\%$；

t 时刻车间空气中 CO_2 含量：$x(t)\%$。

13.6.3　模型的建立

考虑时间区间 $[t,t+\Delta t]$，并利用质量守恒定律：$[t,t+\Delta t]$ 内车间空气中 CO_2 含量的"增加"等于 $[t,t+\Delta t]$ 时间内，通入的新鲜空气中 CO_2 的量加上机器产生的 CO_2 的量减去鼓风机排出的 CO_2 的量，即

CO_2 增加量＝新鲜空气中含有 CO_2 量 ＋ 机器产生的 CO_2 量－排出的 CO_2 量

数学上表示出来就是

$$V[x(t+\Delta t)\% - x(t)] = Km\%\Delta t + r\Delta t - \int_t^{t+\Delta t} Kx(s)\%\,\mathrm{d}s$$

其中，$t \geqslant 0$。于是令 $\Delta t \to 0$，取极限便得

$$\begin{cases} \dfrac{\mathrm{d}x}{\mathrm{d}t} = a - bx \\ x(0) = x_0 \\ t > 0 \end{cases}$$

其中，$a = \dfrac{Km+100r}{V}$，$b = \dfrac{K}{V}$。

（1）模型求解与分析。

此问题是一阶线性非齐次常微分方程的初值问题，MATLAB 求解过程如下：

```
%设定待求解的微分方程
syms x(t) K V r m x0
a = (K*m + 100*r)/(V);b = K/V;
equD1 = diff(x,t) == a - b*x;
equD2 = x(0) == x0;
%求解方程可得x表达式
x = dsolve([equD1,equD2])
```

$$x = \frac{100r - e^{-\frac{Kt}{V}}(100r + Km - Kx_0) + Km}{K}$$

```
%从x的表达式可以看出,当t取到无穷大时,x可取得最小
xmin = m + 100*r/K
```

$$x_{min} = m + \frac{100r}{K}$$

这说明,车间空气中 CO_2 的含量最多只能降到 $\frac{Km+100r}{K}$ %。由此可见,鼓风机风量越大(K 越大),新鲜空气中 CO_2 含量越低(m 越小),净化效果越好。

(2) 模型的评价。

优点:模型简洁,易于分析和理解,体现了建立微分方程模型的基本思想,而且所得到的结果与常识基本一致。

缺点:建立数学模型时所做出的假设过于简单。

改进方向:①考虑新鲜空气和车间内空气的混合扩散过程重新建模;②使得车间内空气中的 CO_2 含量达到一定的指标,确定最优的实施方案。

13.7 减肥模型

13.7.1 问题的描述

某人的食量是 10467(焦/天),其中 5038(焦/天)用于基本的新陈代谢(即自动消耗)。在健身训练中,他所消耗的热量大约是 69[焦/(千克·天)]乘以他的体重(千克)。假设以脂肪形式贮藏的热量 100% 地有效,而 1 千克脂肪含热量是 41868(焦)。试研究此人的体重随时间变化的规律。

13.7.2 问题的分析

在问题中并未出现"变化率""导数"这样的关键词,但要寻找的是体重(记为 W)关于时间 t 的函数。如果把体重 W 看作是时间 t 的连续可微函数,就能找到一个含有 $\frac{dW}{dt}$ 的微分方程。

13.7.3 基本假设

(1) 用 $W(t)$ 表示 t 时刻某人的体重,并设一天开始时人的体重为 W_0。

(2) 体重的变化是一个渐变的过程,因此可认为 $W(t)$ 是关于 t 连续而且充分光滑的。

(3) 体重的变化等于输入与输出之差,其中输入是指扣除了基本新陈代谢之后的净食量吸收;输出就是进行健身训练时的消耗。

13.7.4 模型建立

问题中所涉及的时间仅仅是"每天"，由此，对于"每天"

$$体重的变化＝输入－输出$$

由于考虑的是体重随时间的变化情况，因此，可得

$$体重的变化/天＝输入/天－输出/天$$

代入具体的数值，得

$$输入/天＝10467（焦/天）－5038（焦/天）＝5429（焦/天）$$

$$输出/天＝69[焦/（千克·天）]×W（千克）＝69W（焦/天）$$

$$体重的变化/天＝\frac{\Delta W}{\Delta t}（千克/天）\xrightarrow{\Delta t\to 0}\frac{\mathrm{d}W}{\mathrm{d}t}$$

考虑单位的匹配，利用"千克/天＝$\dfrac{焦/天}{41868\ 焦/千克}$"，可建立如下微分方程模型

$$\begin{cases}\dfrac{\mathrm{d}W}{\mathrm{d}t}=\dfrac{5429-69W}{41868}\approx\dfrac{1296-16W}{10000}\\ W\big|_{t=0}=W_0\end{cases}$$

13.7.5 模型求解

MATLAB 的求解过程如下：

```
syms W(t) W0;
W = dsolve(diff(W,1) = = (1296 - 16 * W)./10000, W(0) = = W0)
```

$$W=\mathrm{e}^{-\frac{t}{625}}(W_0-81)+81$$

就描述了此人的体重随时间变化的规律。

13.7.6 模型讨论

现在再来考虑一下：此人的体重会达到平衡吗？

显然由 W 的表达式，当 $t\to+\infty$ 时，体重有稳定值

$$W\to 81$$

也可以直接由模型方程来回答这个问题。在平衡状态下，W 是不发生变化的，所以 $\dfrac{\mathrm{d}W}{\mathrm{d}t}=0$，这就非常直接地给出了：

$$W_{平衡}=81$$

至此，问题已基本上得以解决。

13.8 森林救火模型

13.8.1 问题的描述

森林失火了,消防站接到报警后派多少消防队员前去救火呢?队员派多了,森林的损失小,但是救火的开支增加了;队员派少了,森林的损失大,救火的开支减少了。因此需要综合考虑森林损失和救火开支之间的关系,以总费用最小来确定派出队员的多少。

13.8.2 问题的分析

从问题中可以看出,总费用包括两方面,烧毁森林的损失,派出救火队员的开支。烧毁森林的损失费通常正比于烧毁森林的面积,而烧毁森林的面积与失火的时间、灭火的时间有关,灭火时间又取决于消防队员数量,队员越多灭火越快。通常救火开支不仅与队员人数有关,而且与队员救火时间的长短也有关。记失火时刻为 $t = 0$,开始救火时刻为 $t = t_1$,火被熄灭的时刻为 $t = t_2$。设 t 时刻烧毁森林的面积为 $B(t)$,则造成损失的森林烧毁的面积为 $B(t_2)$。下面设法确定各项费用。

先确定 $B(t)$ 的形式,研究 $B'(t)$ 比 $B(t)$ 更直接和方便。$B'(t)$ 是单位时间烧毁森林的面积,取决于火势的强弱程度,称为火势蔓延程度。在消防队员到达之前,即 $0 \leqslant t \leqslant t_1$,火势越来越大,即 $B'(t)$ 随 t 的增加而增加;开始救火后,即 $t_1 \leqslant t \leqslant t_2$,如果消防队员救火能力充分强,火势会逐渐减小,即 $B'(t)$ 逐渐减小,且当 $t = t_2$ 时,$B'(t) = 0$。

救火开支可分两部分:一部分是灭火设备的消耗、灭火人员的开支等费用,这笔费用与队员人数及灭火所用的时间有关;另一部分是运送队员和设备等的一次性支出,只与队员人数有关。

13.8.3 模型假设

需要对烧毁森林的损失费、救火费及火势蔓延程度的形式做出假设:

(1) 损失费与森林烧毁面积 $B(t_2)$ 成正比,比例系数为 c_1,c_1 即烧毁单位面积森林的损失费,取决于森林的疏密程度和珍贵程度。

(2) 对于 $0 \leqslant t \leqslant t_1$,火势蔓延程度 $B'(t)$ 与时间 t 成正比,比例系数 d 称为火势蔓延速度。(对这个假设做一些说明,火势以着火点为中心,以均匀速度向四周呈圆形蔓延,蔓延的半径与时间成正比,因为烧毁森林的面积与过火区域的半径平方成正比,所以火势蔓延速度与时间成正比。)

(3) 派出消防队员 x 名,开始救火以后,火势蔓延速度降为 $d - rx$,其中 r 称为每个队员的平均救火速度,显然必须 $x > \beta/r$,否则无法灭火。

（4）每个消防队员单位时间的费用为 c_2，于是每个队员的救火费用为 $c_2(t_2-t_1)$，每个队员的一次性开支为 c_3。

13.8.4　模型建立

根据假设条件(2)、(3)，火势蔓延程度在 $0 \leqslant t \leqslant t_1$ 时线性增加，在 $t_1 \leqslant t \leqslant t_2$ 时线性减小，绘出其图形，如图 13-5 所示。

记 $t=t_1$ 时，$B'(t)=b$。烧毁森林面积

$$B(t_2)=\int_0^{t_2} B'(t)\,\mathrm{d}t$$

正好是图中三角形的面积，显然有

$$B(t_2)=\frac{1}{2}bt_2$$

而且

$$t_2-t_1=\frac{b}{rx-d}$$

因此

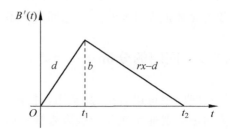

图 13-5　火势蔓延过程示意图

$$B(t_2)=\frac{1}{2}bt_1+\frac{b^2}{2(rx-d)}$$

根据条件(1)、(4)得到，森林烧毁的损失费为 $c_1B(t_2)$，救火费为 $c_2x(t_2-t_1)+c_3x$，据此计算得到救火总费用为

$$C(x)=\frac{1}{2}c_1bt_1+\frac{c_1b^2}{2(rx-d)}+\frac{c_2bx}{rx-d}+c_3x$$

问题归结为求 x 使 $C(x)$ 达到最小，即求 $\dfrac{\mathrm{d}C}{\mathrm{d}x}=0$ 时的 x 的解。MATLAB 实现程序为：

```
syms C(x) c1 b t1 r d c2 c3
C = (1/2)*c1*b*t1 + (1/2)*c1*b^2/(r*x-d) + c2*b*x/(r*x-d) + c3*x;
eqn = diff(C,1) == 0
```

$$eqn=c_3-\frac{bc_2}{d-rx}-\frac{b^2c_1r}{2(d-rx)^2}-\frac{bc_2rx}{(d-rx)^2}=0$$

```
CSol = solve(eqn)
```

$$CSol=\begin{cases}\dfrac{2c_3d+\sqrt{2}\sqrt{bc_3(2c_2d+bc_1r)}}{2c_3r}\\[2ex]\dfrac{2c_3d-\sqrt{2}\sqrt{bc_3(2c_2d+bc_1r)}}{2c_3r}\end{cases}$$

```
x = CSol(1)
```

$$x = \frac{2c_3 d + \sqrt{2}\sqrt{bc_3(2c_2 d + bc_1 r)}}{2c_3 r}$$

13.8.5 模型解释

模型的求解结果包含两项,后一项是能够将火灾扑灭的最少应派出的队员人数,前一项与相关的参数有关,它的含义是从优化的角度来看:当救火队员的灭火速度 λ 和救火费用系数 c_3 增大时,派出的队员数应该减少;当火势蔓延速度 d、开始救火时的火势 b 以及损失费用系数 c_1 增加时,派出的队员人数也应该增加。这些结果与实际都是相符的。

实际应用这个模型时,c_1、c_2、c_3 都是已知常数,d、r 由森林类型、消防人员素质等因素确定。

13.9　薄膜渗透率的测定

13.9.1　问题的描述

某种医用薄膜有允许一种物质的分子穿透它(从高浓度的溶液向低浓度的溶液扩散)的功能,在试制时需测定薄膜被这种分子穿透的能力。测定方法如下:用面积为 S 的薄膜将容器分成体积分别为 V_A、V_B 的两部分(如图 13-6 所示),在两部分中分别注满该物质的两种不同浓度的溶液。此时该物质分子就会从高浓度溶液穿过薄膜向低浓度溶液中扩散。已知通过单位面积薄膜分子扩散的速度与膜两侧溶液的浓度差成正比,比例系数 K 表征了薄膜被该物质分子穿透的能力,称为渗透率。定时测量容器中薄膜某一侧的溶液浓度值,可以确定 K 的数值,试用数学建模的方法解决 K 值的求解问题。

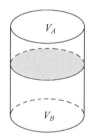

图 13-6　圆柱体容器被薄膜截面 S 阻隔

13.9.2　假设

(1)薄膜两侧的溶液始终是均匀的,即在任何时刻膜两侧的每一处溶液的浓度都是相同的。

(2)当两侧浓度不一致时,物质的分子穿透薄膜总是从高浓度溶液向低浓度溶液扩散。

(3)通过单位面积膜分子扩散的速度与膜两侧溶液的浓度差成正比。

（4）薄膜是双向同性的,即物质从膜的任何一侧向另一侧渗透的性能是相同的。

13.9.3 符号说明

（1） $C_A(t)$、$C_B(t)$ 表示 t 时刻膜两侧溶液的浓度。

（2） a_A、a_B 表示初始时刻两侧溶液的浓度（单位:毫克/立方厘米）。

（3） K 表示渗透率。

（4） V_A、V_B 表示由薄膜阻隔的容器两侧的体积。

13.9.4 模型的建立

考查时段 $[t,t+\Delta t]$ 薄膜两侧容器中该物质质量的变化。以容器 A 侧为例,在该时段物质质量增加量: $V_A C_A(t+\Delta t)-V_A C_A(t)$。

另一方面,由渗透率的定义可以知道,从 B 侧渗透至 A 侧的该物质的质量为: $SK(C_B-C_A)\Delta t$。

由质量守恒定律,两者应该相等,于是有:

$$V_A C_A(t+\Delta t)-V_A C_A(t)=SK(C_B-C_A)\Delta t$$

两边除以 Δt,令 $\Delta t \to 0$ 并整理得

$$\frac{\mathrm{d}C_A}{\mathrm{d}t}=\frac{SK}{V_A}(C_B-C_A)$$

且注意到整个容器的溶液中含有该物质的质量应该不变,即有下式成立:

$$V_A C_A(t)+V_B C_B(t)=V_A a_A+V_B a_B$$

$$C_A(t)=a_A+\frac{V_B}{V_A}a_B-\frac{V_B}{V_A}C_B(t)$$

故得,

$$\frac{\mathrm{d}C_B}{\mathrm{d}t}+SK\left(\frac{1}{V_A}+\frac{1}{V_B}\right)C_B=SK\left(\frac{a_A}{V_B}+\frac{a_B}{V_A}\right)$$

再利用初始条件 $C_B(0)=a_B$

解出:

$$C_B(t)=\frac{a_A V_A+a_B V_B}{V_A+V_B}+\frac{V_A(a_B-a_A)}{V_A+V_B}\mathrm{e}^{-SK\left(\frac{1}{V_A}+\frac{1}{V_B}\right)t}$$

至此,问题归结为利用 C_B 在 t_j 时刻的测量数据 $C_j(j=1,2,\cdots,N)$ 来辨识参数 K 和 a_A、a_B,对应的数学模型变为求函数:

$$\min E(K,a_A,a_B)=\sum_{j=1}^{n}\left[C_B(t_j)-C_j\right]^2$$

令 $a=\dfrac{a_A V_A+a_B V_B}{V_A+V_B}$, $b=\dfrac{V_A(a_B-a_A)}{V_A+V_B}$,问题转换为求函数 $E(K,a_A,a_B)=$

$$\sum_{j=1}^{n}[a+b\mathrm{e}^{-SK\left(\frac{1}{V_A}+\frac{1}{V_B}\right)t_j}-C_j]^2 \text{ 的 最 小 值 点}(K,a,b)。$$

13.9.5 求解参数

例如,设 $V_A=V_B=1000\mathrm{cm}^3$,$S=10\mathrm{cm}^2$,对容器的 B 部分溶液浓度的测试结果如表 13-1 所示。

表 13-1 容器的 B 部分溶液测试浓度

$t_j(\mathrm{s})$	100	200	300	400	500	600	700	800	900	1000
$C_j(\mathrm{mg/cm}^3)$	4.54	4.99	5.35	5.65	5.90	6.10	6.26	6.39	6.50	6.59

此时极小化的函数为:

$$E(K,a_A,a_B)=\sum_{j=1}^{10}[a+b\mathrm{e}^{-0.02K\cdot t_j}-C_j]^2$$

下面用 MATLAB 进行计算:

```
tdata = linspace(100,1000,10);
cdata = 1e-05.*[454 499 535 565 590 610 626 639 650 659];
x0 = [0.2,0.05,0.05];
opts = optimset('lsqcurvefit');
opts = optimset(opts,'PrecondBandWidth',0);
x = lsqcurvefit('curvefun',x0,tdata,cdata,[],[],opts)
```

$x = [0.0063 \quad -0.0034 \quad 0.2542]$

```
f = curvefun(x,tdata)
```

$f = [0.0043 \quad 0.0051 \quad 0.0056 \quad 0.0059 \quad 0.0061 \quad 0.0062 \; 0.0062 \; 0.0063 \; 0.0063 \; 0.0063]$

```
plot(tdata,cdata,'o',tdata,f,'r-')
xlabel('时间/s')
ylabel('浓度/(mg/cm³)')
```

曲线的拟合结果如图 13-7 所示,进一步可求得:$a_B=0.004(\mathrm{mg/cm}^3)$,$a_A=0.01(\mathrm{mg/cm}^3)$。至此,问题已得以解决。

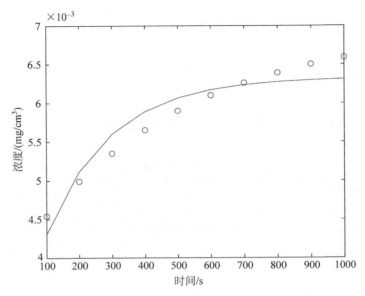

图 13-7 模型拟合曲线与溶液实际测试浓度

13.10 捕食者-猎物模型

13.10.1 模型描述

捕食（Predation，或称猎食或掠食）是生态学中一种生物互动方式，在这种方式中，捕食者会捕食其他的生命，而这些被捕食者则称为猎物。捕食是动物取食行为的一种，捕食的成功依赖于捕食者的特化结构，如尖锐的口器、雄壮的体格及迅速的奔跑能力，这是长期生态适应的结果。捕食行为从进化角度来说可以促进捕食者与猎物间的协同进化，因此是一项比较有价值的研究项目。

Lotka-Volterra捕食猎物模型是一个简单而又有价值的模型。当二者共存于一个有限空间内时，猎物种群因捕食而降低，其降低程度取决于：

（1）猎物的数量 x 与捕食者的数量 y，这决定捕食者与猎物的相遇频度。

（2）捕食者发现和进攻猎物的效率为 α，即平均每一捕食者猎物的常数，因此猎物数量的变化方程为

$$\frac{\mathrm{d}x}{\mathrm{d}t} = x - \alpha xy$$

同样，捕食者种群将依赖于猎物增长，设 β 为捕食者利用猎物转变成更多捕食者的捕食常数，则捕食方程为

$$\frac{\mathrm{d}y}{\mathrm{d}t} = -y + \beta xy$$

以上两个方程即为 Lotka-Volterra 捕食猎物模型。

13.10.2 模型的求解

为了模拟系统,需要创建一个函数,以返回给定状态和时间值时的状态导数的列向量。在 MATLAB 中,两个变量 x 和 y 可以表示为向量 y 中的前两个值。同样,导数是向量 yp 中的前两个值。函数必须接受 t 和 y 的值,并在 yp 中返回公式生成的值。

$yp(1) = (1 - alpha * y(2)) * y(1)$

$yp(2) = (-1 + beta * y(1)) * y(2)$

在此示例中,公式包含在名为 lotka.m 的文件中。此文件使用 $\alpha = 0.01$ 和 $\beta = 0.02$ 的参数值。使用命令"type lotka"查看 lotka.m 的内容:

```
function yp = lotka(t,y)
% LOTKA Lotka - Volterra predator - prey model.
% Copyright 1984 - 2014 The MathWorks, Inc.
yp = diag([1 - .01 * y(2),  -1 +  .02 * y(1)]) * y;
```

使用 ode23 在 $0 < t < 15$ 时求解 lotka 中定义的微分方程。使用初始条件 $x(0) = y(0) = 20$,使捕食者和猎物的数量相等。

```
t0 = 0;
tfinal = 15;
y0 = [20; 20];
[t,y] = ode23(@lotka,[t0 tfinal],y0);
```

绘制两个种群数量对时间的关系图(如图 13-8 所示):

```
plot(t,y)
title('捕食者和猎物的数量')
xlabel('t')
ylabel('数量')
legend('猎物','捕食者','Location','North')
```

现在绘制两个种群数量的相对关系图(如图 13-9 所示):

```
plot(y(:,1),y(:,2))
title('捕食者 - 猎物数量关系图')
xlabel('猎物数量')
ylabel('捕食者数量')
```

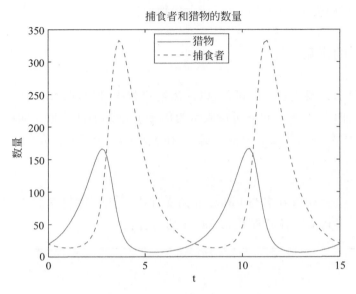

图 13-8　两个种群数量对时间的关系图

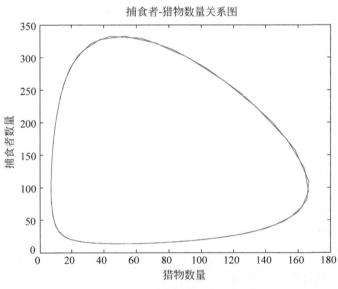

图 13-9　两个种群数量的相对关系图

生成的关系图非常清晰地表明了二者数量之间的循环关系。

13.10.3　模型讨论（比较不同求解器的结果）

现在使用 ode45 而不是 ode23 再次求解该方程组。ode45 求解器的每一步都需要更长的时间,但它的步长也更大。然而,ode45 的输出是平滑的,因为默认情况下,此求解器使用连续展开公式在每个步长范围内的四个等间距时间点生成输出。

```
[T,Y] = ode45(@lotka,[t0 tfinal],y0);
plot(y(:,1),y(:,2),'-',Y(:,1),Y(:,2),'-');
title('捕食者 - 猎物数量关系图')
xlabel('猎物数量')
ylabel('捕食者数量')
legend('ode23','ode45')
```

两个求解器求解结果的对照图如图 13-10 所示:

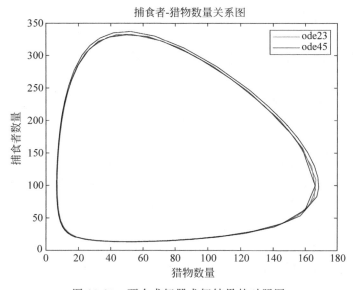

图 13-10　两个求解器求解结果的对照图

结果表明,使用不同的数值方法求解微分方程会产生略微不同的答案。

13.10.4　模型的意义分析

猎物种群增长率升高、捕食者在没有猎物时的死亡率升高都会引起种群数量的振荡频率增大。原因是猎物数量增加得更快,捕食者数量增加得也会更快,随之猎物就会更快地减少。而没有猎物时捕食者死亡得更快,猎物重新增加的速度也会更快。这两种改变导致生态系统中捕食者与猎物关系此消彼长的周期缩短。

如果猎物的种群增长率很高,那么其被捕食后能通过快速繁殖补充种群数量,承受捕食者捕食的能力提高,因此捕食者的数量可以更加接近猎物,甚至超过猎物,而事实上因猎物增长率高而捕食者数量超过猎物的现象不存在,因为没有哪种生物的繁殖速度可以快到这种程度。捕食者在没有猎物时死亡率升高后，捕食者和猎物种群数量都更趋于稳定，因为捕食者对猎物的依赖性更高。

捕食者发现和进攻猎物的效率增大后，猎物的数量可能会降到非常低的水平，因为猎物的数量会减到很少，故其种群恢复力会减小，再次增长到原有水平需要更长的时间，这导致生态系统中捕食者与猎物关系此消彼长的周期延长。但是如果捕食者发现和进攻猎物的效率太高，猎物的数量就可能会降到零，这样将导致猎物种群灭绝，这种现象可对应生物入侵，例如巴西龟入侵后使我国多种水生动物种群衰退。

捕食者利用猎物而转变为更多捕食者的捕食常数增大后，捕食者的数量上限可以超过猎物数量上限，可以对应自然界中小型昆虫取食大型植物等现象。但是在这种情况下，捕食者种群密度增加到很大使猎物承受很大的压力，猎物种群数量可能会降到很低而恢复困难，对应自然界中蝗灾等现象。

13.11 拓展内容：大学生数学建模竞赛

全国大学生数学建模竞赛（国赛）是教育部高教司和中国工业与应用数学学会共同主办、面向全国所有专业（包括高职高专院校）大学生的一项竞赛，从 1992 年开始，每年一届。2019 年，来自中国及美国和马来西亚的 1490 所院校/校区、42992 队（本科 39293 队、专科 3699 队）、近 13 万人报名参赛。比赛是目前全国高校规模最大的基础性学科竞赛，也是世界上规模最大的数学建模竞赛；它是全国大学生规模最大的课外科技活动，能从侧面反映一个学生的综合能力。竞赛 2007 年开始被列入教育部质量工程首批资助的学科竞赛之一。

数学建模是用数学的方法解决实际问题。当遇到一个实际问题时，首先对其进行分析，把其中的各种关系用数学的语言描述出来。这种用数学的语言表达出来的问题形式就是数学模型。一旦得到了数学模型，就将解决实际问题转换成了解决数学问题。然后选择合适的数学方法解决各个问题，最后将数学问题的结果作为实际问题的答案。当然，这一结果与实际情况可能会有一些差距，因此需要根据实际情况对模型进行修改完善，重新求解，直至得到满意的结果。实际上，数学建模对大学生来说并不是全新的事物，在中小学阶段做的数学应用题就是数学建模的简单形式。现在，学习了高等数学知识，所面临就是要用高等数学的知识和方法，并借助计算机来解决更接近实际的规模较大的问题。因此参加数学建模活动是一次很有意义的科研实践机会，同时会让你认识到高等数学在实际生活中的巨大作用，提高学习数学的积极性。

13.11.1 数模竞赛的形式

竞赛面向全国高等院校的学生，不分专业，但竞赛分本科、专科两组，本科组竞赛所有大学生均可参加，专科组竞赛只有专科生（包括高职、高专生）可以参加。竞赛以三名大学生组成一队，在三天时间内可以自由地收集资料、调查研究，使用计算机、软件和互联网，但不得与队外任何人(包括指导教师在内)以任何方式讨论赛题。竞赛要求每个队完成一篇用数学建模方法解决实际问题的科技论文。竞赛评奖以假设的合理性、建模的创造性、结果的正确性以及文字表述的清晰程度为主要标准。可以看出,这项竞赛从内容到形式与传统的数学竞赛不同,是大学阶段除毕业设计外难得的一次"真刀真枪"的训练,相当程度上模拟了学生毕业后工作时的情况,既丰富、活跃了广大同学的课外生活,也为优秀学生脱颖而出创造了条件。

数学建模竞赛的题目由工程技术、经济管理、社会生活等领域中的实际问题简化加工而成的,没有事先设定的标准答案,留有充分余地供参赛者发挥其聪明才智和创造精神。《MATLAB 数学建模方法与实践(第 3 版)》将数学建模问题划分为 5 类(如图 13-11 所示),各类都有自己常用的方法,其中连续性问题主要用到高等数学中的微积分方法。只要将这些常用的方法都掌握,那么在实际比赛中就会从容很多。再看这 5 类题型,第二类和第四类,方法相对单一,所花的时间不用太多;第一、三类,是建模竞赛中的主力题型,方法很多,因此需要花的时间也就多点;第五类题型,是最近几年兴起的新题型,没有固定套路,不要期望直接套用经典模型了,要认真分析问题,从解决问题的角度,客观地解决问题。这类题型,往往机理建模方法比较有效,即从事物内部发展的规律入手,模拟事物的发展过程,在这个过程中建立模型并用程序去实现。作者认为机理建模和求解才是数学建模和编程的最高求解,已经达到心中无模型而胜有模型的境界了。所用的 MATLAB 编程也是最基本的程序编写技巧,关键是思想。

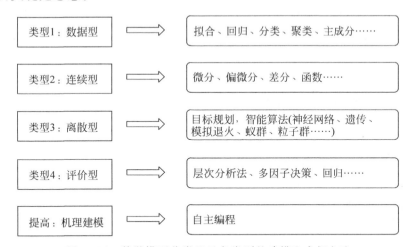

图 13-11 数学模型分类以及各类别的建模和求解方法

当拿到题目后,每个队分队进行讨论,确定做哪一道试题。无论做哪一道,首先都得查找相关资料。确定用何种模型的时候,队员还要讨论,相互补充,有时还要互相妥协。模型建立起来之后还要计算,而且计算量很大,要编程或寻找使用相关软件。

竞赛给参加过的同学留下了深刻的回忆,很多人用"一次参赛,终身受益"来描述他们的感受,许多取得优异成绩的学生的科研能力明显提高,毕业时受到用人单位欢迎,不少人被免试推荐读研究生。有些学校的校长、老师评价说，数学建模竞赛活动改变了学校的学习风气，让同学们养成了主动学习的习惯。

13.11.2　参加数模竞赛的意义

（1）竞赛让学生面对一个从未接触过的实际问题，运用数学方法和计算机技术加以分析、解决，学生必须开动脑筋、拓宽思路，充分发挥创造力和想象力，从而培养了学生的创新意识及主动学习、独立研究的能力。

（2）竞赛紧密结合社会热点问题，富有挑战性，吸引着学生关心、投身国家的各项建设事业，培养学生理论联系实际的学风。

（3）竞赛需要学生在很短时间内获取与赛题有关的知识，锻炼了学生从互联网和图书馆查阅文献、收集资料的能力，也提高了学生的文字表达水平。

（4）竞赛要三个同学共同完成，他们在竞赛中要分工合作、取长补短、求同存异，必然既有相互启发、相互学习，也有相互争论，培养了学生们同舟共济的团队精神和进行协调的组织能力。

（5）竞赛是开放型的，三天中没有或者很少有外部的强制约束，同学们要自觉地遵守竞赛纪律，公平地开展竞争。诚信意识和自律精神是建设和谐社会的基本要素，同学们能在竞赛中得到这种品格锻炼对他们的一生是非常有益的。

（6）参加过竞赛的同学自主学习能力和科研能力显著提高，在专业课学习、毕业设计、研究生阶段的学习以及进入社会后的发展中表现出明显的优势，都能得到用人单位和研究生导师的普遍认可。

13.11.3　MATLAB 在数学建模中的地位

MATLAB 是公认的最优秀的数学模型求解工具之一，一是因为 MATLAB 的数学函数全，基本能涵盖数模问题所需要的知识范围；二是 MATLAB 足够灵活，可以根据问题的需要自主开发程序解决问题，尤其最近几年，竞赛中的题目开放性强、灵活度大，MATLAB 编程灵活的优势越发明显。

在数学建模中最重要的就是模型的建立和模型的求解，当然两者相辅相成。有过比赛经验的同学都有这样的一种体会，如果不熟悉 MATLAB，在比赛中就会不敢放开建模，生怕建立的模型求解不出来。在比赛中模型如果求解不出来，会是个很大的缺陷。因此如果某个参赛队 MATLAB 不熟练的话，最直接的问题就是不敢放开建模，畏首畏尾，思路不敢展开，显然这样不利于在竞赛中取得好成绩。

图 13-12 是整个数模过程所需要的知识矩阵，第二列是模型的求解，包括编程、算法、工具、技巧，是呈上（建模）启下（论文）的关键位置。因此模型的求解必须重视，而 MATLAB 是模型的最有力的求解工具，所以 MATLAB 的编程水平在数模比赛中就尤其重要了。

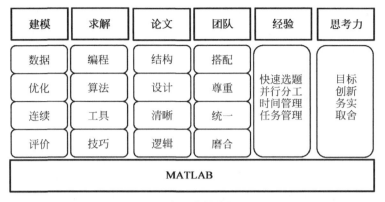

图 13-12　数学建模技能矩阵图

13.11.4　完成数模竞赛所需要的知识

（1）掌握建模必备的数学基础知识（如初等数学、高等数学等），数学建模中常用的但尚未学过的方法，如图论方法、概率统计以及运筹学等方法。

（2）计算机的运用能力，重点学习一些实用数学软件（主要用 MATLAB）和 office 办公软件的使用及一般性开发。

（3）论文的写作能力。

（4）研读数学建模相关的书籍。推荐的书籍有：①姜启源、谢金星、叶俊，《数学建模（第五版）》，高等教育出版社；②朱道元，《数学建模案例精选》，科学出版社；③卓金武、王鸿钧，《MATLAB 数学建模方法与实践（第 3 版）》，北京航空航天大学出版社。

（1）syms：声明变量。

（2）diff：求导函数。用法如下：

- diff(f,x)：对 f 关于自变量 x 求一阶导数。
- diff(f,x,n)：对 f 关于自变量 x 求 n 阶导数。

（3）ezplot：二维绘图函数。用法如下：

- ezplot(fun)：绘制表达式 fun(x)在默认定义域−2π＜x＜2π 上的图形，其中 fun(x)仅是 x 的显函数。fun 可以是函数句柄、字符向量或字符串。
- ezplot(fun,[xmin,xmax])：绘制 fun(x)在 xmin＜x＜xmax 上的图形。
- ezplot(fun2)：在默认域−2π＜x＜2π 和−2π＜y＜2π 中绘制 fun2(x,y)＝0 的图形，其中 fun2(x,y)＝0 是隐函数。
- ezplot(fun2,[xymin,xymax])：在 xymin＜x＜xymax 和 xymin＜y＜xymax 域中绘制 fun2(x,y)＝0 的图形。
- ezplot(fun2,[xmin,xmax,ymin,ymax])：在 xmin＜x＜xmax 和 ymin＜y＜ymax 域中绘制 fun2(x,y)＝0 的图形。
- ezplot(funx,funy)：绘制以参数定义的平面曲线 funx(t)和 funy(t)在默认域 0＜t＜2π 上的图形。
- ezplot(funx,funy,[tmin,tmax])：绘制 funx(t)和 funy(t)在 tmin＜t＜tmax 上的图形。

（4）subs：替换变量。用法如下：

- subs(f,x,2)：将 x 赋值为 2。
- subs(f,x,z)：将 x 替换为 z。
- subs(f,{x,y},{z,1})：同时将 x 替换为 z,y 赋值为 1。
- subs(f,x,[1,2])：将 x 替换为数组。
- subs(a)：用于把符号运算变为数值解。

（5）limit：极限函数。用法如下：

- limit(f,var,a)：函数 f 在变量 var 下在 a 处的双向极限。

附录 A 命令汇总

- limit(f,a)：函数 f 在默认变量下在 a 处的双向极限。
- limit(f)：函数 f 在默认变量下在 0 处的双向极限。
- limit(f,var,a,'left')：函数 f 在变量 var 下在 a 处的左极限。
- limit(f,var,a,'right')：函数 f 在变量 var 下在 a 处的右极限。

（6）log(x)：自然对数 lnx,即以 e 为底的对数。用法如下：

- log(x)：返回数组 x 中每个元素的自然对数 lnx。

（7）taylor：泰勒展开函数。用法如下：

- taylor(f,var)：默认为五阶 Maclaurin 展开。
- taylor(f,var,a)：默认为五阶的在 a 点的泰勒展开。
- taylor(f,var,a,'order',n)：在 a 点的 n−1 阶泰勒展开。

（8）vpa：控制运算精度。用法如下：

- vap(x)：将结果 x 转换为小数。
- vpa(fun,n)：fun 为待积分函数,n 为精确位数。

（9）plot：二维绘图函数。用法如下：

- plot(x,y)：绘制 y 关于 x 的显函数的图形。这里的 x、y 可以为向量、矩阵,但在本书的学习中只用到 x、y 为实数的情况。
- plot(X,Y,LineSpec)：设置线型、标记符号和颜色。
- plot(X1,Y1,…,Xn,Yn)：绘制多个 X、Y 对组的图,所有线条都使用相同的坐标区。
- plot(X1,Y1,LineSpec1,…,Xn,Yn,LineSpecn)：为前两者的综合情况,分别设置不同对组的线型、标记符号和颜色。

（10）title：为绘制的图形添加名称。用法如下：

- title('图形名')：为图形添加名称。

  类似地可以对 x 轴和 y 轴命名：xlabel('标题'),ylabel('标题')。

（11）legend：为绘制的图形添加图例。用法如下：

- legend('名称')：为图形添加图例。

（12）@：函数句柄。

（13）fzero：求零点函数。用法如下：

- fzero(f,[a,b])：求零点,需要有 f(a) * f(b)<0。

（14）fminbnd：求区间上的最小值。用法如下：

- fminbnd(fun,a,b)：求函数 fun 在区间[a,b]上的最小值。

（15）max、min：返回数组的最大元素、最小元素。用法如下：

- M = max(A)：返回数组的最大元素。
- M = min(A)：返回数组的最小元素。

（16）round：取整函数。用法如下：

- round(a)：取离 a 最近的整数。

（17）int：定积分求解。用法如下：

- int(expr,var,[a b])：计算出区间[a b]上关于 var 的表达式 expr 的定积分。如果未指定，int 将使用 symvar 确定的默认变量。如果 expr 是常量，则默认变量为 x。int(expr,var,a,b)等价于 int(expr,var,[a b])。
- int(__,Name,Value)：使用一个或多个 Name,Value 对参数指定其他选项。例如，'IgnoreAnalyticConstraints',true 指定 int 对积分器应用额外的简化。

（18）trapz：梯形法近似求解。用法如下：

- Q＝trapz(Y)：通过梯形法计算 Y 的近似积分（采用单位间距）。Y 的大小确定求积分所沿用的维度。

  如果 Y 为向量，则 trapz(Y)是 Y 的近似积分；

  如果 Y 为矩阵，则 trapz(Y)对每列求积分并返回积分值的行向量；

  如果 Y 为多维数组，则 trapz(Y)对其大小不等于 1 的第一个维度求积分。
- trapz(X,Y)：根据 X 指定的坐标或标量间距对 Y 进行积分。
- trapz(__,dim)：使用以前的任何语法沿维度 dim 求积分。必须指定 Y，也可以指定 X。如果指定 X，则它可以是长度等于 size(Y,dim)的标量或向量。例如，如果 Y 为矩阵，则 trapz(X,Y,2)对 Y 的每行求积分。

（19）quad：抛物线（simpson）法近似积分。用法如下：

- quad(fun,a,b,tol)：使用递归自适应 simpson 积分法求函数 fun 从 a 到 b 的近似积分，误差为 tol，缺省则为 1e－6。

（20）gamma：求 gamma 积分。用法如下：

- gamma(x)：求 gamma 积分，其中 x 为实数参数。

（21）beta：求 beta 积分。用法如下：

- beta(p,q)：求 beta 积分，其中 p、q 为实数参数。

（22）feval：将变量数值代入符号函数。用法如下：

- feval(fun,x1,…,xm)：将 x1,…,xm 分别代入 fun 函数求解。

（23）vpasolve：数值求解方程。用法如下：

- vpasolve(fun,var)：用数值方法求解变量为 var 的方程 fun 的根。

（24）sort：对数组元素排序。用法如下：

- B＝sort(A)：按升序对 A 的元素进行排序。如果 A 是向量，则 sort(A)对向量元素进行排序。
- B＝sort(__,direction)：使用上述任何语法返回按 direction 指定的顺序显示的 A 的有序元素。'ascend'表示升序（默认值），'descend'表示降序。

（25）linspace：生成线性间距向量。用法如下：

- y＝linspace(x1,x2)：返回包含 x1 和 x2 之间的 100 个等间距点的行向量。
- y＝linspace(x1,x2,n)：生成 n 个点。这些点的间距为(x2－x1)/(n－1)。linspace 类似于冒号运算符"："，但可以直接控制点数并始终包括端点。

（26）solve：方程和方程组求解。用法如下：

- S＝solve(eqn,var)：求解关于变量 var 的方程 eqn。如果 equ 是表达式而非方程，则视作使表达式等于零的方程。如果不指定变量 var，将用 symvar 函数确定要求解的变量。例如，solve(x＋1＝＝2,x)将会对 x＋1＝2 求解。
- S＝solve(eqn,var,name,value)：使用一个或多个 name 与 value 对求解方程加以限制。例如，solve(x^5－3125,x,'Real',true)将仅给出方程的实根。

（27）polarplot：在极坐标中绘制线条。用法如下。

- polarplot(theta,rho)：在极坐标中绘制线条。theta 表示弧度，rho 表示每个点的半径值，两者是长度相等的向量，或大小相等的矩阵。

（28）fimplicit：绘制隐函数图形。用法如下：

- fimplicit(f)：在默认区间[－5,5]（对于 x 和 y）上绘制 f(x,y)＝0 定义的隐函数图形。f 是句柄或符号表达式。
- fimplicit(f,interval)：为 x 和 y 指定绘图区间。interval 是指定区间上、下界的向量。

（29）fill：填充二维多边形。用法如下：

- fill(X,Y,C)：根据向量 X 和 Y 中的数据创建填充的多边形。X、Y 由若干个顶点的横坐标、纵坐标组成。fill 可将最后一个顶点与第一个顶点相连以闭合多边形。C 指 Colorspec，用于指定颜色，最简单的指定方式为使用色彩短名称，如表 A-1 所示。

表 A-1　色彩短名称

颜　　色	短　名　称	颜　　色	短　名　称
黄色	y	绿色	g
品红	m	蓝色	b
青色	c	白色	w
红色	r	黑色	k

例如，fill([0 2 1],[0 0 2],'r')用红色填充一个三角形。

（30）fill3：填充三维多边形。用法类似 fill。

（31）mesh：绘制三维网格图。用法如下：

- mesh(X,Y,Z)：用 X,Y,Z 向量代表的三维坐标值对应的点绘制网格图，常配合 meshgrid 使用。

（32）meshgrid：返回二维和三维网格坐标。用法如下：

- [X,Y]＝meshgrid(x,y)：基于向量 x 和 y 中包含的坐标返回二维网格坐标。X 是一个矩阵，每一行是 x 的一个副本；Y 也是一个矩阵，每一列是 y 的一个副本。坐标 X 和 Y 表示的网格有 length(y)行和 length(x)列。
  例如：x＝1:3；y＝1:2；[X,Y]＝meshgrid(x,y)。

$$X=$$

$$
\begin{array}{ccc}
1 & 2 & 3 \\
1 & 2 & 3
\end{array}
$$

$$Y=$$

$$
\begin{array}{ccc}
1 & 1 & 1 \\
2 & 2 & 2
\end{array}
$$

(33) surf：绘制三维曲面图。用法如下：

- surf(X,Y,Z)：创建一个三维曲面图，它是一个具有实色边和实色面的三维曲面。该函数将矩阵 Z 中的值绘制为由 X 和 Y 定义的 xOy 平面中的网格上方的高度。曲面的颜色根据 Z 指定的高度而变化。

(34) contour3：绘制三维等高线图。用法如下：

- contour3(X,Y,Z,n)：X,Y,Z 向量代表所有点的三维坐标值，该函数将在三维视图中以 n 个等高线层级绘制关于 Z 的等高线图。

(35) text：向数据点添加文本说明。用法如下：

- text(x,y,txt)：使用由 txt 指定的文本，向当前坐标区中的一个或多个数据点添加文本说明。若要将文本添加到一个点，须将 x 和 y 指定为以数据单位表示的标量。若要将文本添加到多个点，须将 x 和 y 指定为长度相同的向量。
- text(x,y,z,txt)：在三维坐标中定位文本。

(36) shading：设置颜色着色属性。用法如下：

- shading flat：每个网格线段和面具有恒定颜色，该颜色由该线段的端点或该面的角边处具有最小索引的颜色值确定。
- shading faceted：具有叠加的黑色网格线的单一着色。这是默认的着色模式。
- shading interp：通过在每个线条或面中对颜色图索引或真彩色值进行插值来改变该线条或面中的颜色。

(37) alpha：向坐标区中的对象添加透明度。用法如下：

- alpha value：为当前坐标区中支持透明度的图形对象设置面透明度。将 value 指定为介于 0（透明）和 1（不透明）之间的标量值。

(38) dsolve：求一般微分方程的解析解。用法如下：

- dsolve(微分方程)。方程等号为"＝＝"。
- dsolve(微分方程,初值条件 i)。初值条件个数不限。
- dsolve(微分方程组 i)。微分方程个数不限。

(39) rewrite：表达式改写。用法如下：

- rewrite(表达式,'改写目标')。改写目标为 sin 时会保留 cos。

(40) pretty：形式美观。用法如下：

- pretty(表达式)。

（41）quiver：向量场。用法如下：
- quiver（点的坐标，向量坐标）。

（42）hold on：在已经打开的图窗上继续绘图。

（43）for：调用循环语句。用法如下：
- for ii＝起始：步长：终值

  循环体

  end

（44）ode45：常微分方程的数值求解。用法如下：
- ode45（微分方程对应的函数，某个区间上的点，区间左端点的函数值）。

（45）fittype：微分方程数值解。用法如下：
- f＝fittype（'目标函数'，'independent'，'自变量'，'coefficients'，{待定参数}）。

（46）fit：数据拟合。用法如下：
- 函数＝fit（数据自变量，数据因变量，f）。

（47）dot：求向量 A 与 B 的点积。用法如下：
- C＝dot（A，B）：返回 A 和 B 的标量点积。
- C＝dot（A，B，dim）：返回 A 和 B 沿维度 dim 的点积，dim 输入一个正整数标量。

  注意：如果 A 和 B 是向量，则它们的长度必须相同；如果 A 和 B 为矩阵或多维数组，则它们必须具有相同阶数或维数。

（48）norm：向量范数和矩阵范数。用法如下：
- n＝norm（v）：返回向量 v 的欧几里得范数。此范数也称为 2-范数、向量模或欧几里得长度。
- n＝norm（v，p）：返回广义向量 p-范数。
- n＝norm（X）：返回矩阵 X 的 2-范数或最大奇异值，该值近似于 max（svd（X））。
- n＝norm（X，p）：返回矩阵 X 的 p-范数。其中 p 为 1、2 或 Inf：

  如果 p＝1，则 n 是矩阵的最大绝对列之和；

  如果 p＝2，则 n 近似于 max（svd（X）），这相当于 norm（X）；

  如果 p＝Inf，则 n 是矩阵的最大绝对行之和。
- n＝norm（X，'fro'）：返回矩阵 X 的 Frobenius 范数。

（49）cross：求向量 A 与向量 B 的向量积（叉积）。用法如下：
- C＝cross（A，B）：返回 A 和 B 的叉积。如果 A 和 B 为向量，则它们的长度必须为 3；如果 A 和 B 为矩阵或多维数组，则它们必须具有相同阶数或维数。在这种情况下，cross 函数将 A 和 B 视为三元素向量集合。该函数计算对应向量沿大小等于 3 的第一个数组维度的叉积。
- C＝cross（A，B，dim）：计算数组 A 和 B 沿维度 dim 的叉积。A 和 B 必须具有相同的大小，并且 size（A，dim）和 size（B，dim）必须为 3。dim 输入一个正整数标量。

（50）gradient：计算数值梯度。用法如下：

- FX＝gradient(F)：返回向量 F 的一维数值梯度。输出 FX 对应于 $\partial F/\partial x$，即 x(水平)方向上的差分。点之间的间距假定为 1。
- [FX,FY]＝gradient(F)：返回矩阵 F 的二维数值梯度的 x 和 y 分量。附加输出 FY 对应于 $\partial F/\partial y$，即 y(垂直)方向上的差分。每个方向上的点之间的间距假定为 1。
- [FX,FY,FZ,…,FN]＝gradient(F)：返回 F 的数值梯度的 N 个分量,其中 F 是一个 N 维数组。
- [__]＝gradient(F,h)：使用 h 作为每个方向上的点之间的均匀间距,可以指定上述语法中的任何输出参数。
- [__]＝gradient(F,hx,hy,…,hN)：为 F 的每个维度上的间距指定 N 个间距参数。

（51）fminsearch：使用无导数法计算无约束的多变量函数的最小值。用法如下：

- x＝fminsearch(fun,x0)：在点 x0 处开始并尝试求 fun 中描述的函数的局部最小值 x。
- x＝fminsearch(fun,x0,options)：使用结构体 options 中指定的优化选项求最小值。使用 optimset 可设置这些选项。
- x＝fminsearch(problem)：求 problem 的最小值,其中 problem 是一个结构体。
- [x,fval]＝fminsearch(__)：对任何上述输入语法,在 fval 中返回目标函数 fun 在解 x 处的值。
- [x,fval,exitflag]＝fminsearch(__)：返回描述退出条件的值 exitflag。
- [x,fval,exitflag,output]＝fminsearch(__)：返回结构体 output 以及有关优化过程的信息。

（52）integral2：对二重积分进行数值计算。用法如下：

- q＝integral2(fun,xmin,xmax,ymin,ymax)：在平面区域 xmin≤x≤xmax 和 ymin(x)≤y≤ymax(x)上逼近函数 z＝fun(x,y)的积分。
- q＝integral2(fun,xmin,xmax,ymin,ymax,Name,Value)：指定具有一个或多个 Name,Value 对组参数的其他选项。

（53）integral3：对三重积分进行数值计算。用法如下：

- q＝integral3(fun,xmin,xmax,ymin,ymax,zmin,zmax)：在区域 xmin≤x≤xmax、ymin(x)≤y≤ymax(x)和 zmin(x,y)≤z≤zmax(x,y)上逼近函数 z＝fun(x,y,z)的积分。
- q＝integral3(fun,xmin,xmax,ymin,ymax,zmin,zmax,Name,Value)：指定具有一个或多个 Name,Value 对组参数的其他选项。

(54) symsum：级数的和。用法如下：

- F＝symsum(f,k,a,b)：从下界 a 到上界 b 返回级数 f 对求和阶数 k 求和。如果不指定 k，symsum 将使用由 symvar 确定的变量作为求和阶数。如果 f 是常数，那么默认变量是 x。

- symsum(f,k,[a b])或 symsum(f,k,[a；b])等价于 symsum(f,k,a,b)。

- F＝symsum(f,k)：返回级数 f 关于求和阶数 k 的不定和（反差分）。f 定义了这个级数，使得不定和 f 满足 F(k＋1)－F(k)＝f(k)的关系。如果不指定 k，symsum 将使用由 symvar 确定的变量作为求和阶数。如果 f 是常数，那么默认变量是 x。

(55) strcat：水平串联字符串。用法如下：

- s＝strcat(s1,s2,…,sN)：水平串联 s1,s2,…,sN。每个输入参数都可以是字符数组、字符向量元胞数组或字符串数组。如果任一输入是字符串数组，则结果是字符串数组；如果任一输入是字符向量元胞数组，并且没有输入字符串数组，则结果是字符向量元胞数组；如果所有输入都是字符数组，则结果是字符数组。对于字符数组输入，strcat 会删除尾随的 ASCII 空白字符：空格、制表符、垂直制表符、换行符、回车和换页符。对于元胞数组和字符串数组输入，strcat 不删除尾随空白字符。

(56) fft：快速傅里叶变换。用法如下：

- Y＝fft(X)：用快速傅里叶变换算法计算 X 的离散傅里叶变换。

  如果 X 是向量，则 fft(X)返回该向量的傅里叶变换；

  如果 X 是矩阵，则 fft(X)将 X 的各列视为向量并返回每列的傅里叶变换；

  如果 X 是一个多维数组，则 fft(X)将沿大小不等于 1 的第一个数组维度的值视为向量并返回每个向量的傅里叶变换。

- Y＝fft(X,n)：返回 n 点 DFT。如果未指定任何值，则 Y 的大小与 X 相同。

  如果 X 是向量且 X 的长度小于 n，则为 X 补上尾零以达到长度 n；

  如果 X 是向量且 X 的长度大于 n，则对 X 进行截断以达到长度 n；

  如果 X 是矩阵，则每列的处理与向量情况相同；

  如果 X 为多维数组，则大小不等于 1 的第一个数组维度的处理与向量情况相同。

- Y＝fft(X,n,dim)：返回沿维度 dim 的傅里叶变换。例如，如果 X 是矩阵，则 fft(X,n,2)返回每行的 n 点傅里叶变换。

参 考 文 献

[1]　同济大学数学系.高等数学(下册)[M].7版.北京：高等教育出版社,2014.

[2]　卓金武,王鸿钧.MATLAB数学建模方法与实践[M].3版.北京：北京航空航天大学出版社,2018.

[3]　姜启源,谢金星,叶俊.数学模型[M].5版.北京：高等教育出版社,2018.

[4]　王高雄,朱思铭,王寿松.常微分方程[M].3版.北京：高等教育出版社,2013.

[5]　东北师范大学微分方程教研室.常微分方程[M].2版.北京：高等教育出版社,2005.